PRODUTO
ASSERTIVO

KARLOS SANCHO

PRODUTO ASSERTIVO

FAÇA SEU PRODUTO TRABALHAR POR VOCÊ

Um método simples e prático para desenvolver produtos seguros e lucrativos na área de saúde

© Karlos Sancho, 2024
Todos os direitos desta edição reservados à Editora Labrador.

Coordenação editorial Pamela J. Oliveira
Assistência editorial Leticia Oliveira, Jaqueline Corrêa
Projeto gráfico Amanda Chagas
Diagramação Estúdio dS
Capa Renata Policarpo
Assistente de arte Marina Fodra
Consultoria de Escrita Central de escritores: Rose Lira, Iago Fechine e Álvaro Rosa
Preparação de texto Amanda Gomes
Revisão Andresa Vidal Vilchenski

Dados Internacionais de Catalogação na Publicação (CIP)
Jéssica de Oliveira Molinari - CRB-8/9852

Sancho, Karlos
    Produto assertivo : faça seu produto trabalhar por você / Karlos Sancho.
    São Paulo : Labrador, 2024.
    176 p.

    ISBN 978-65-5625-633-7

    1. Empreendedorismo I. Título

24-2936   CDD 658.4012

Índice para catálogo sistemático:
1. Empreendedorismo

Labrador
Diretor-geral Daniel Pinsky
Rua Dr. José Elias, 520, sala 1
Alto da Lapa | 05083-030 | São Paulo | SP
contato@editoralabrador.com.br | (11) 3641-7446
editoralabrador.com.br

A reprodução de qualquer parte desta obra é ilegal e configura uma apropriação indevida dos direitos intelectuais e patrimoniais do autor. A editora não é responsável pelo conteúdo deste livro. O autor conhece os fatos narrados, pelos quais é responsável, assim como se responsabiliza pelos juízos emitidos.

Este livro é dedicado a Deus, cuja presença constante tem sido o alicerce de minha vida. À minha querida família: em especial meus pais, José Tamer e Edna; minha amada esposa, Priscila; meu filho, José; e meus irmãos, Rodrigo e Lia. À família que ganhei através de minha esposa: José Dumas, Jacqueline e Dumas, que são os verdadeiros pilares do meu ser. E a todos os empreendedores que se dedicam incansavelmente ao desenvolvimento de produtos de saúde, contribuindo para um mundo melhor.

AGRADECIMENTOS

Meus sinceros agradecimentos a todos que contribuíram para este livro, em especial ao Ivo Studart e ao Onofre Neto, pelo apoio fundamental. Meu obrigado também a Rose Lira, Yago Fechine e à Central de Escritores, por tornarem este projeto possível.

SUMÁRIO

PREFÁCIO — 13
APRESENTAÇÃO — 15
INTRODUÇÃO
AS INQUIETAÇÕES DO EMPREENDEDOR NA ÁREA DA SAÚDE — 17

ACHADOS — 27

CAPÍTULO 1
O MÉDICO, O PESQUISADOR E O EMPREENDEDOR — 29
Empreendedor: "Sou ou não sou? Eis a questão!" — 32
Competências de um empreendedor — 33
Um empreendedor na área da saúde — 36

CAPÍTULO 2
O PRODUTO ASSERTIVO — 41
As características do Produto Assertivo — 42
Fundamentos da Metodologia do Produto Assertivo — 45
Os objetivos do Produto Assertivo — 48
Pressupostos do Produto Assertivo — 49
Os resultados tangíveis do Produto Assertivo — 52

O MÉTODO — 57

CAPÍTULO 3
FASE I | ENCADEAMENTO DAS IDEIAS — 59
Conceito da ideação do Produto Assertivo — 61
O papel da dor na ideação do Produto Assertivo — 62

A observação ativa pode trazer a solução ——— 67

Uma boa seleção transforma ideação em solução ——— 68

O motivo, o acesso e o efeito do Produto Assertivo ——— 69

CAPÍTULO 4
FASE II | BUSCA DE ANTERIORIDADE, PESQUISA DE MERCADO E VIABILIDADE DO PRODUTO ——— 75

Sete sugestões para a busca de anterioridade no universo virtual ——— 77

Sugestões para a busca de anterioridade no mundo físico ——— 80

Outras opções na busca de anterioridade ——— 82

Anterioridade e ajuste entre o produto e o mercado ——— 84

CAPÍTULO 5
FASE III | PROTOTIPAGEM, TESTES E VALIDAÇÃO ——— 91

A prototipação do Produto Assertivo ——— 92

O MVP na construção do Produto Assertivo ——— 93

Os testes do Produto Assertivo ——— 95

A validação do Produto Assertivo ——— 100

CAPÍTULO 6
FASE IV | CAMADAS DE PROTEÇÃO DO PRODUTO E APROVAÇÕES REGULATÓRIAS ——— 105

Processo de depósito no INPI do seu Produto Assertivo ——— 107

A proteção do seu Produto Assertivo pode ser garantida como um desenho industrial! ——— 111

Uma solução para a proteção do seu produto ——— 114

Onde proteger e patentear? ——— 118

E como navegar no mar regulatório? ——— 120

CAPÍTULO 7
FASE V | COMERCIALIZAÇÃO E ROYALTIES ——— 127

Cultura *open innovation* e a *hit list* ——— 128

Criação do resumo executivo do Produto Assertivo ——— 129

Licenciar ou não licenciar o seu Produto Assertivo ——————— 133

O contato com a empresa e a *hit list* ——————————— 135

Royalties e a arte da negociação ——————————————— 137

RETROALIMENTAÇÃO ——————————————————— 143

CAPÍTULO 8
O CÍRCULO VIRTUOSO ————————————————— 145

O círculo virtuoso dos produtos assertivos ———————————— 147

Uma abordagem organizada para manter o círculo virtuoso ——— 151

CAPÍTULO 9
MOVIMENTO ROYALTIES EM SAÚDE ————————— 159

Mudar as coisas é fortalecer os laços e construir pontes ——————— 161

Movimento colaborativo e o Produto Assertivo ————————— 163

CONCLUSÃO
SUCESSO E SATISFAÇÃO DO EMPREENDEDOR NA ÁREA DA SAÚDE ———————————————————— 171

"A necessidade é sempre um motivo para criar. Um olhar apurado e um pouco de criatividade podem gerar boas invenções."

Carlos Mazzei
Presidente da Associação Nacional dos Inventores (ANI)
Diretor do Museu das Invenções, em São Paulo

PREFÁCIO

Prezados leitores,

É com grande entusiasmo que tenho o privilégio de abrir o livro *Produto Assertivo*, de Karlos Sancho. Nesta obra, o autor nos conduz por uma jornada repleta de insights e orientações valiosas para empreendedores que desejam se destacar no mercado da saúde.

Karlos Sancho, um nome reconhecido tanto na medicina quanto no empreendedorismo, apresenta uma metodologia abrangente, fruto de mais de uma década de experiência no desenvolvimento de produtos inovadores. Seu método, "Produto Assertivo", não só oferece um guia prático, mas também inspira ação e transformação.

Ao mergulhar na leitura, pude vislumbrar a riqueza dos ensinamentos contidos nas páginas deste livro. A trajetória de Karlos Sancho no ramo da inovação em saúde, seu sucesso no desenvolvimento e lançamento de produtos e a criação da Metodologia do Produto Assertivo refletem não apenas sua expertise, mas também seu empenho em compartilhar conhecimento e facilitar o caminho para outros empreendedores.

Os principais insights abordados, como a distinção entre características e benefícios do produto, a criação da *hit list* e a importância do resumo executivo como ferramenta de vendas ressoam como pilares fundamentais para o sucesso do empreendedor na área da saúde. A ênfase na persistência, na ação constante e na busca pela inovação é um aspecto que certamente inspira e motiva aqueles que buscam criar produtos impactantes e transformadores.

Reconheço a relevância e o potencial deste livro como um guia essencial para aqueles que almejam desenvolver produtos inovadores e bem-sucedidos.

Que as páginas de *Produto Assertivo* sejam o mapa que guia os empreendedores rumo ao sucesso, à realização de sonhos e à contribuição significativa para a saúde e a sociedade. Que cada leitor, assim como eu, encontre neste livro a inspiração e o conhecimento necessários para concretizar suas ideias.

Que esta leitura possa inspirar e orientar todos os empreendedores na área da saúde. Que cada página seja um convite para a ação, para a inovação e para a transformação do cenário da saúde no Brasil.

Atenciosamente,

Joaquim Caracas
Engenheiro civil, CEO da Impacto Protensão,
um dos maiores depositantes de Propriedade
Intelectual do Brasil, e empreendedor serial

APRESENTAÇÃO

É com enorme prazer que apresento *Produto Assertivo: Faça seu produto trabalhar por você*, uma obra singular no campo da inovação em saúde, escrita por Karlos Sancho. Este livro, fundamentado em uma década de experiência prática e pesquisa, oferece uma metodologia simples e eficaz para desenvolver produtos seguros e lucrativos.

Conheci Karlos Sancho em um curso em Orlando sobre liderança e encantamento de clientes, do qual sou facilitador, e, de cara, já percebi o brilho nos seus olhos quando o assunto era inovação e empreendedorismo.

Neste livro, ele detalha o processo de criar um "produto assertivo", delineando não apenas as qualidades essenciais de produtos bem-sucedidos, mas também a mentalidade necessária para trazer tais produtos ao mercado. O livro destaca a importância de inovações que não só atendam às necessidades médicas, mas que também sejam economicamente viáveis, acessíveis e prontos para a comercialização.

A obra é estruturada em capítulos que guiam o leitor através das diversas fases de desenvolvimento de um produto, desde a concepção da ideia até a realização de protótipos, teste e, finalmente, a comercialização. Cada capítulo é ricamente detalhado, com exemplos práticos e estudos de caso que ilustram os desafios as soluções encontrados pelo autor em sua jornada empreendedora.

Este livro é essencial para qualquer profissional da saúde que deseja transformar conhecimento e criatividade em produtos tangíveis que impactam positivamente o setor de saúde. Com uma abordagem direta e motivadora, Karlos Sancho nos incentiva a transformar obstáculos em oportunidades, iluminando o caminho para futuros empreendedores no campo da saúde.

Em suma, *Produto Assertivo* não é apenas um manual sobre como criar produtos, mas uma fonte de inspiração para todos que aspiram fazer a diferença no mundo da saúde através da inovação e do empreendedorismo.

Elias Leite
Médico otorrinolaringologista, especialista em gestão empresarial, financeira, auditoria e controladoria pela FGV. Ex-presidente da Unimed Fortaleza.

INTRODUÇÃO

AS INQUIETAÇÕES DO EMPREENDEDOR NA ÁREA DA SAÚDE

*"A vida não é encontrar a si mesmo.
A vida é criar a si mesmo."*
George Bernard Shaw

Rotineiramente, os profissionais de saúde, sejam médicos, enfermeiros, nutricionistas, fisioterapeutas ou outros trabalhadores da área, deparam-se com a dor. Em parte, trata-se das dores literais dos pacientes, dos sintomas, das complicações e de questões específicas da saúde do corpo humano. Há, por outro lado, as dores dos próprios profissionais que lidam com pacientes todos os dias e se percebem com impeditivos para cuidar adequadamente das pessoas.

Muitas vezes, trabalhadores da saúde identificam problemas para os quais não há ainda um produto desenvolvido com capacidade de apresentar uma solução eficaz. Ou, se há, não são acessíveis. Diante dessa dor, não raro são feitos arremedos, tentativas de solucionar as dificuldades vividas pelos pacientes. Contudo, essa não é a solução ideal; é apenas um paliativo para problemas que demandam produtos e inovações tecnológicas específicas.

Como empreendedor e médico, e tendo vários anos de carreira, conheço bem esse tipo de dor vivenciada por profissionais das mais diversas áreas da saúde: "como" e "com o quê" tratar melhor os pacientes?

Ao atuar no ramo de inovação e desenvolvimento de produtos, eu me empenhei em buscar soluções para essas dores. Mas percebi que o ofício de empreendedor na área de saúde — de desenvolvedor de produtos tecnológicos — é pouco conhecido, não apenas pela sociedade, mas também pelas universidades. Há pouco material bibliográfico disponível e, nas disciplinas dos cursos de medicina, área em que atuo, o tema ainda é discutido de maneira insuficiente. Meu perfil profissional tem passado entre prática clínica, desenvolvimento de produtos e pesquisa acadêmica, de modo que transito entre esses universos tão caros ao ofício do empreendedor na saúde. Na minha trajetória de mais de uma década no ramo da inovação em saúde, desenvolvi e lancei cinco produtos no mercado, que somam aproximadamente cem mil unidades vendidas, com um faturamento de sete dígitos. A escassez de referenciais, ao longo desse percurso, levou-me a sistematizar conhecimentos, fechar lacunas e, finalmente, criar uma metodologia completa para orientar o empreendedor, efetivo ou em potencial, que deseja criar seu produto em seis meses e ter sucesso na área de desenvolvimento de produtos da saúde. Estou falando da *Metodologia do Produto Assertivo*.

A ciência brasileira é rica em pesquisas, mas tem um déficit no que se refere à pesquisa translacional, ramo do conhecimento que procura aproximar os saberes médicos e científicos do desenvolvimento de produtos de inovação. Como, então, é possível tirar um projeto do papel, desenvolver as etapas de produção e levar esse produto para as prateleiras? Qual percurso o empreendedor brasileiro deve trilhar para desenvolver inovação tecnológica na área da saúde?

Essas perguntas sintetizam as principais dores do empreendedor brasileiro na área da saúde e também norteiam os objetivos deste livro. Tive percalços na minha trajetória. Os primeiros passos foram difíceis, especialmente porque não há literatura, cursos, mentorias e orientações voltadas para profissionais da saúde que desejam desenvolver produtos. Esse déficit não é apenas no cenário brasileiro, outros países apresentam a mesma lacuna.

Diante dessa dor inicial, passei a construir uma carreira alinhada com o desenvolvimento de produtos. Meu propósito é o de iniciar e fortalecer um movimento de royalties em saúde e mostrar para os empreendedores que é possível ser remunerado por sua propriedade intelectual. Além disso, quero facilitar os caminhos, orientar os profissionais de saúde nesse percurso que começa com uma ideia inovadora e termina com a venda de produtos de inovação na área da saúde, repercutindo em qualidade de vida para a sociedade.

Por conta da pequena quantidade de literatura disponível, a carreira dos inventores empreendedores, muitas vezes é construída de forma individual, por profissionais que se empenham arduamente em procurar informações, ainda que de forma genérica e não sistematizada. A área da saúde, fundamental para a sociedade, não dispõe facilmente dessas informações, mesmo com um conjunto de regulações e normas técnicas que orientam o desenvolvimento de produtos médicos.

Um ponto importante a ser destacado é que os empreendedores na área da saúde não precisam ser, necessariamente, profissionais do ramo. Há ideias importantes que surgem até de pessoas sem formação específica, como de cuidadores, acompanhantes e familiares no contexto hospitalar. Isso porque são indivíduos que acompanham o dia a dia de quem está doente, identificam as dificuldades e propõem soluções eficazes.

Nesse sentido, um exemplo mundialmente conhecido é o do empreendedor indiano Arunachalam Muruganantham, conhecido também como *Padman*. No final da década de

1990, ele inventou uma máquina de produção de absorventes de baixo custo, em um contexto em que falar de menstruação ainda era um tabu. O empreendedor, que nem sequer tinha formação universitária, revolucionou o acesso a cuidados higiênicos do período menstrual — e em um país com uma grande população feminina.

O perfil do empreendedor brasileiro na área da saúde é heterogêneo. Primariamente, é composto pelos profissionais da saúde, que percebem dificuldades e entraves no tratamento dos pacientes e buscam soluções. No entanto, uma inquietação pessoal me motivou a produzir esta obra: o fato de muitos profissionais brasileiros realizarem pesquisas de alto nível que não chegam a se transformar em produtos, morrendo, por assim dizer, nas universidades e laboratórios. A despeito dos percalços, há inúmeros empreendedores brasileiros de sucesso com importantes produtos disponíveis no mercado. Meu empenho é para que a área seja mais desenvolvida e que o profissional tenha a devida remuneração pelos royalties de seu invento.

**Ideias, contudo, não sobrevivem
muito tempo na cabeça das pessoas:
é preciso concretizá-las.**

O Brasil possui uma produção científica grande e significativa, mas a maior parte desses estudos morre pela falta de estratégia para entrada no mercado de saúde, seja na fase de projeto, pesquisa ou mesmo publicação, isso porque não conseguem ser materializados na forma de produtos. Esse "vale da morte" faz com que ideias importantes não se concretizem. Isso ocorre, acredito, por pelo menos três fatores impeditivos.

Em primeiro lugar, porque é difícil atravessar o vale da morte, no qual de um lado está a ideia e, na outra margem, a disponibilização do produto na prateleira. Há um perfil de profissionais que são pesquisadores habilidosos, mas são incapazes de fazer esse percurso, de colocar sua pesquisa ou invenção à venda.

O segundo fator impeditivo é de natureza regulatória. A área da saúde é bastante complexa e dispõe de um conjunto de regulações e normas técnicas relativas ao desenvolvimento de produtos e de inovação. Existe, portanto, um desconhecimento dessas normas, o que dificulta a adequação e entrada desses produtos no mercado. Além disso, há a própria sistematização da Agência Nacional de Vigilância Sanitária (Anvisa) e de outros órgãos regulatórios, que precisa ser devidamente conduzida para que os produtos alcancem as prateleiras.

Por fim, a terceira dificuldade diz respeito ao mercado: o empreendedor, o cientista ou o pesquisador por vezes não consegue dialogar com a indústria, seja ela a farmacêutica, de produtos de saúde, de aplicativos de saúde ou de dispositivos de saúde. Em geral é um setor de difícil acesso. Não raro, o empreendedor ruma para uma direção muito distinta da que o mercado segue, e encontra as portas das indústrias fechadas.

Não adianta ter uma ideia brilhante se ela não está em sintonia com as demandas do mercado e as necessidades da sociedade.

Em relação ao mercado, existe ainda a possibilidade de o empreendedor ter uma formação disruptiva e propor uma inovação da qual o mercado não sabia necessitar no momento. Em um caso assim, o profissional pode ter uma abertura maior, alavancar a ideia com um financiamento e começar uma empresa específica para o produto criado. Isso também demanda um método e um passo a passo, que serão elucidados no decorrer da obra.

A ideia de pensar um Produto Assertivo, que orienta o caminho deste livro, diz respeito justamente ao desenvolvimento de projetos que dialoguem com as tendências e demandas do mercado.

Não faltam profissionais com ideias boas e necessárias. Tampouco faltam recursos de apoio e financiamento para iniciativas inovadoras. Qual é, então, a maior dificuldade? A medula das inquietações da área, de modo geral, é a falta de orientação e sistematização de projetos que ajudem o empreendedor a atravessar o vale da morte da criação ao mercado.

As buscas por financiamento em inovação e desenvolvimento de produtos não constituem um grande problema, pois não falta apoio financeiro para essas áreas. A grande questão é que profissionais da saúde ou de outras áreas interessados em trabalhar com inovação não sabem onde buscar verbas para realizar seus empreendimentos — não sabem em quais portas bater. Dessa forma, os projetos morrem no campo das ideias.

Faz-se necessário e urgente uma ponte, uma orientação para indicar fontes de recursos, editais, verbas de subvenção, formatos de projeto, normas regulatórias etc. Atualmente, o empreendedor não precisa tirar do próprio bolso o dinheiro para desenvolver um protótipo. Dependendo do produto, isso é até inviável. Há outros caminhos; a trajetória é mais simples do que aparenta inicialmente.

Um mito importante a ser desconstruído é o de que um produto de inovação é algo complexo, revolucionário e difícil de ser realizado. Esse engano faz com que empreendedores percam o estímulo para trabalhar em suas ideias.

Muitos produtos licenciados e em circulação no mercado da saúde são apenas melhorias em inventos que já existem: adaptações, implementações, incrementos, pequenas correções. É importante defender essa linha de trabalho. O empreendedor brasileiro precisa perceber que há a possibilidade, a partir de um problema identificado, de aprimorar produtos já em uso e recolocá-los no mercado.

Há também a possibilidade de o projeto em andamento coincidir com a linha de produção já desenvolvida por uma empresa. Nesse caso, é possível estabelecer uma parceria de sucesso, mutuamente benéfica, entre o empreendedor, que receberá seus royalties, e a empresa, que ampliará seu espaço de mercado.

Um caso de sucesso que pode exemplificar essa linha de trabalho é o uso da pele da tilápia em tratamentos médicos. Trata-se de um procedimento relativamente simples e bastante eficaz no tratamento de queimaduras. O uso de peles de animais como recurso terapêutico já existia. Nos Estados Unidos, por exemplo, a pele de porco já era amplamente empregada nesse contexto, assim como a pele humana em alguns casos. Esse mecanismo, porém, mostrava-se muito caro e tinha uma execução complexa. Dessa forma, pesquisadores pernambucanos e cearenses optaram por modificar o procedimento usando a pele da tilápia. No Ceará, com a pesquisa desenvolvida pelo grupo do dr. Edmar Maciel Lima Júnior, o procedimento foi sendo aperfeiçoado e aprimorado.

A ideia, no fim das contas, é bem simples: se a pele de porco pode ser usada, por que não realizar o procedimento com pele de peixe? Hoje, essa inovação é reconhecida internacionalmente como referência no tratamento de queimaduras.

O que procuro demonstrar neste livro é que há várias oportunidades ocultas para o desenvolvimento de um produto campeão na área da saúde, e por isso pretendo auxiliar os empreendedores brasileiros a obterem sucesso no promissor nicho que é a saúde da sociedade.

Tendo como ponto de partida a minha trajetória e experiência, este livro será o guia essencial para quem deseja desenvolver produtos de qualidade, inovadores e seguros, que beneficiem os pacientes, os verdadeiros destinatários de nossos esforços criativos.

O leitor poderá entender este livro como um mapa ou como um GPS, que servirá de guia para o empreendedor colocar o produto idealizado no mercado, atingir êxito, sucesso e, por fim, ser remunerado por isso.
Criar um Produto Assertivo.

Ao longo dos capítulos, pretendo demonstrar que, quando entendemos o caminho, quando sabemos o que esperar dos próximos passos, as coisas ficam mais fáceis. Esse conteúdo chega até você em um momento no qual enfrentamos uma escassez de obras que estimulem e sistematizem o trabalho do empreendedor da saúde.

Em linhas gerais, os capítulos que se seguem são resultado de uma intensa pesquisa sobre normas, regulações, metodologias e caminhos seguros do mercado, e se dedicam a delinear o círculo virtuoso da invenção na área da saúde. Um processo que gera inovação, emprego e renda, que qualifica os cuidados médicos e fomenta a produção de conhecimento no Brasil.

Por isso, eu o convido a conhecer a Metodologia do Produto Assertivo, que o guiará desde a idealização e desenvolvimento de produtos assertivos e seguros até o momento de colocá-los no mercado, de forma que contribuam para a sociedade com resoluções dos problemas ou das dores na área da saúde e gerem renda passiva para você, criador do produto, através de royalties.

Boa leitura e bom aprendizado!

Karlos Sancho

ACHADOS

CAPÍTULO 1

O MÉDICO, O PESQUISADOR E O EMPREENDEDOR

> *"A chave de todas as ciências é inegavelmente o ponto de interrogação."*
> **Honoré de Balzac**

A profissão de empreendedor de produtos na área da saúde, especialmente no Brasil, ainda tem uma definição pouco clara, encoberta por alguns estigmas e preconceitos que impedem que essa carreira seja plenamente descoberta pela sociedade, sendo associada à figura de um inventor. É comum associar os criadores de produtos em saúde às figuras famosas de cientistas dos filmes e desenhos animados. Essas imagens estão bem distantes da realidade e do dia a dia de trabalho com invenção e ciência, práticas que têm objetivos e métodos bem definidos. Por isso, a seguir vou adentrar os vários conceitos que se confundem nessa atuação de empreendedor na área da saúde.

1. *Inventor*, em linhas gerais, é quem trabalha com inovação e desenvolvimento de produtos destinados a facilitar a vida humana nas mais diversas áreas. Há interseções e diferenças entre esse tipo de profissão e o trabalho dos pesquisadores e dos cientistas, especialmente na área da saúde.

2. *Pesquisador* investiga dados, fatos ou questões teóricas específicas de cada área de atuação acadêmica, podendo ou não desenvolver conhecimentos originais para aquele campo de atuação. O trabalho de pesquisa envolve revisão de literatura científica, experimentos e produção de conhecimento. As publicações referentes a uma pesquisa vão enriquecer o quadro teórico de determinada área e servir de base para o desenvolvimento de novas pesquisas.
3. *Cientista* também é um pesquisador, com o diferencial de propor avanços concretos na área a partir dos resultados obtidos pela pesquisa. Geralmente essas inovações podem mudar o cenário de um tratamento ou de uma intervenção médica, por exemplo. A partir da condução rigorosa de experimentos, com metodologias bem definidas, o cientista é capaz de aumentar o escopo e o domínio de um campo de conhecimento ou de uma profissão.

As três carreiras — invenção, pesquisa e ciência — dialogam bastante. Há inventores que também são pesquisadores ou cientistas, mas não é uma regra, do mesmo modo, cientistas ou pesquisadores podem, eventualmente, trabalhar com invenção.

E o empreendedor?!

Você já parou para pensar na diferença entre um inventor e um empreendedor? À primeira vista, eles podem parecer figuras semelhantes, ambos criativos e inovadores. Mas, se olharmos mais de perto, vamos descobrir que são, na verdade, peças de um quebra-cabeça maior. O inventor é aquele gênio por trás da cortina, criando e desenvolvendo tecnologias, que podem ser revolucionárias, úteis ou até mesmo fantásticas. Ele é a mente que sonha e constrói, muitas vezes em um laboratório ou oficina, trazendo novas ideias à vida. Contudo, aqui está a grande questão: nem sempre essas invenções alcançam o grande público. Várias dessas ideias incríveis acabam se perdendo no que chamamos de "vale da morte" da inovação — um abismo entre a criação e a sua aplicação prática. E é aí que entra o empreendedor. O termo "empreendedor" vem da palavra francesa *entrepreneur*, e foi usado pela primeira vez pelo economista Richard Cantillon em 1725[1], que atualmente possui vários significados diferentes a depender da abordagem. Porém, para efeito de melhor compreensão, no decorrer desta obra iremos adotar a definição a seguir para quem empreende desenvolvendo produtos:

4. *Empreendedor* é o inventor, pesquisador ou cientista que atravessou com sucesso o vale da morte. Ele é quem transforma a invenção em inovação, a ideia em produto, e leva essa tecnologia ao mercado. É o empreendedor quem gera nota fiscal, fatura e, mais do que isso, cria algo que beneficia as pessoas, trazendo riqueza não só para si mas também para a sociedade.

Portanto, enquanto o inventor é o arquiteto de novas ideias, o empreendedor é o construtor que as torna reais e acessíveis a todos nós. Interessante, não acha? Ambos fazem inovação, mas o empreendedor é quem, na minha opinião, tem os resultados que queremos que você, leitor, encontre neste livro.

Empreendedor é aquele que idealiza, pesquisa, inova, põe no mercado o Produto Assertivo e traz resultados para todos que dele precisam.

---

1 CHIAVENATO, Idalberto. *Empreendedorismo: dando asas ao espírito empreendedor*. 4. ed. Barueri: Manole, 2012.
DORNELAS, José. *Empreendedorismo: transformando ideias em negócios*. 6. ed. São Paulo: Empreende/Atlas, 2016.
MENDES, Jerônimo. *Empreendedorismo 360º: a prática na prática*. 3. ed. São Paulo: Atlas, 2017.

Empreendedor: "Sou ou não sou? Eis a questão!"

Mas, afinal, quem tem o potencial para ser um empreendedor a partir dessa perspectiva? A resposta é simples: todos nós. Seja você, eu ou seu irmão. Não é preciso ter uma formação específica para se tornar um grande empreendedor, diferentemente de carreiras como pesquisador ou cientista.

E se você está se perguntando: "Como faço para me tornar um empreendedor na área da saúde?", este livro é para você. Meu objetivo é guiá-lo por um caminho mais ágil, seguro e eficaz.

O objetivo do empreendedor é entregar para a sociedade dispositivos tecnológicos destinados a suprir uma demanda de determinadas atividades. O empreendedor é um profissional que enxerga um problema, produz ferramentas tecnológicas para solucioná-lo e vai para o mercado.

Não há um curso ou uma carreira universitária que forme especificamente empreendedores de produtos na saúde, como ocorre com pesquisadores e cientistas. Recentemente surgiram algumas especializações, mas a parte teórica costuma ter mais foco do que a prática.

Os empreendedores que desenvolvem produtos são profissionais com habilidades bem heterogêneas, de modo que traçar um perfil desse trabalho é bastante difícil. Aquela imagem caricata do cientista em um laboratório esperando uma ideia surgir do nada é totalmente enganosa — os resultados e produtos são desenvolvidos a partir de um trabalho meticuloso de pesquisa e de métodos bem articulados.

Então afirmo com bastante orgulho: sou empreendedor!

Creio que é importante ocupar com propriedade essa carreira. O desenvolvimento e a comercialização de produtos, atividades que hoje são o meu ofício, transformaram minha vida e meu dia a dia profissional, além de contribuírem de maneira significativa para o campo em que atuo na área da saúde.

Competências de um empreendedor

Pessoalmente, considero que possuo uma inteligência mediana, não posso ser visto como um empreendedor excepcional com QI acima da curva, casos assim são exceções. Tudo o que conquistei na minha vida profissional contou com um pouco de inspiração e com muita transpiração, muito esforço e empenho. Essa trajetória foi importante para solidificar minha base de trabalho.

Uma das minhas características pessoais, que trago comigo desde muito jovem, é a *persistência*. Fui aquele tipo de criança que, quando colocava uma ideia na cabeça, ia até o fim para concretizá-la. Gostava de imaginar as outras possibilidades dos jogos e brincadeiras, transformava esses momentos de diversão em experiências de descoberta e de conhecimento.

Mesmo que a possibilidade de me tornar empreendedor ainda estivesse distante da minha realidade, a persistência dividia espaço na minha infância com a *curiosidade* de descobrir o funcionamento das coisas, com aquela postura de detetive que investiga as causas, as relações, as origens dos objetos.

Por essa razão que, anos mais tarde, quando estava terminando o ensino médio, escolhi estudar medicina, em Fortaleza — curso que iniciei em 2007. A persistência também me acompanhou nessa decisão: não passei no vestibular de primeira, precisei de algumas tentativas até entrar na graduação que eu realmente desejava, mas não desviei o foco, alinhei meu esforço a esse objetivo até realizá-lo.

O processo de me tornar um empreendedor foi germinando aos poucos, e minha entrada na área da medicina foi apenas o começo. Com as primeiras experiências de estudante, especialmente na pesquisa acadêmica, fui me descobrindo e me construindo como empreendedor na área da saúde. Esse ofício é como um músculo que cresce e se desenvolve conforme é exercitado e estimulado.

Minhas experiências na graduação me levaram, portanto, a exercitar o músculo da *pesquisa*. Comecei a aprender como uma pesquisa acadêmica era realizada, quais os objetivos, os métodos, quais a diferenças e limites em relação à ciência, e, gradativamente, fui descobrindo o trabalho de *pesquisar para criar*. Era um universo de conhecimento bastante novo para mim, e ao mesmo tempo rico e instigante. Comecei minha carreira como pesquisador ainda na faculdade, quando recebi uma bolsa de iniciação científica — um formato de financiamento em que os estudantes integram grupos de pesquisas realizadas pelos professores da faculdade.

A partir daí passei a me interessar mais pela área acadêmica. Aprendi bastante com essa experiência e passei a amadurecer algumas inquietações que tinha em relação à pesquisa. A atividade acadêmica tem grande relevância e impacto, é algo que também desperta meu interesse; contudo, eu não estava totalmente satisfeito com o perfil de algumas atividades executadas — muitos dos estudos com os quais eu entrava em contato acrescentavam pouca valia. Além disso, eu preferia trabalhar em publicações mais originais: meu objetivo como pesquisador era investigar novas perspectivas, novos paradigmas capazes de aprimorar tratamentos e cuidados médicos.

Essa inquietação me levou a desenvolver meu primeiro projeto como empreendedor. Em parceria com Manoel Cardoso, um amigo engenheiro, me inscrevi, ainda em 2010, em um programa que premiava trabalhos universitários voltados para a inovação. Desenvolvemos, então, um protótipo de aparelho sanitário ecológico, que apresentava benefícios para a saúde e para o meio ambiente. Fomos finalistas na premiação.

Essa foi uma virada de chave na minha carreira, sobretudo por ter sido o meu primeiro projeto autoral, em que trabalhei em todas as etapas, da ideia ao desenvolvimento do plano de negócios. A experiência dessa premiação abriu para mim um campo de possibilidades até então novo e pelo qual me apaixonei. Trabalhar com desenvolvimento de produtos dialogava diretamente com minhas inquietações pessoais como pesquisador na área acadêmica.

Aprendi muito com essa experiência de colocar um projeto em prática, e, oficialmente, esse foi o meu primeiro produto. Mas na época, ainda estudante de graduação, eu sabia muito pouco sobre criação de produtos e empreendedorismo. As informações disponíveis são escassas, como já foi dito. Logo, cometi uma série de erros, inclusive na proteção intelectual do meu projeto, e não consegui colocar o sanitário ecológico no mercado.

A falta de conhecimento sobre como desenvolver produtos assertivos foi um problema nessa etapa da minha carreira. Os erros, no entanto, também me ensinaram bastante a achar saídas e não repeti-los. Nessa época, eu me apaixonei por todas as etapas do empreendedorismo e da inovação, do desenvolvimento de produtos, dos planos de negócio. Desde então, tenho me dedicado à tarefa de buscar e organizar meticulosamente todos os materiais relevantes do segmento, fortalecendo-o não só por meio de mentorias e palestras destinadas aos profissionais da área, mas também por conexões significativas com o mercado de inovação em saúde. Esse esforço visa fomentar um diálogo produtivo e prático entre os profissionais, abrindo caminhos para avanços e colaborações no setor.

Meu esforço tem se traduzido em uma experiência robusta de teoria e prática, marcada pela participação em competições e pelo recebimento de prêmios no campo da inovação em saúde. Em 2011, dei um passo significativo ao fundar minha primeira startup, que foi incubada em um núcleo de inovação tecnológica da Universidade de Fortaleza (Unifor), uma experiência que ampliou minha compreensão sobre a incubação de empresas no meio acadêmico.

Hoje, observamos um crescimento expressivo de parques tecnológicos e *hubs* de inovação por todo o Brasil. Esses espaços são cruciais, pois facilitam o acesso ao conhecimento e promovem um diálogo enriquecedor com o mercado. Minha jornada tem sido enriquecida por essa colaboração com *hubs* e consultorias internacionais, uma rede vital de inovação e troca de experiências. Acredito firmemente que essas redes são essenciais para o desenvolvimento de Produtos Assertivos e para o sucesso de startups no setor da saúde.

Um empreendedor na área da saúde

Após concluir a graduação em medicina, a oftalmologia capturou meu interesse, fascinando-me pelos estudos relacionados à visão e ao olho humano. Em 2015, finalizei minha especialização em oftalmologia e, logo em seguida, em 2016, ingressei na Universidade Federal de São Paulo para uma subespecialização em Oncologia Ocular.

Durante o período entre 2014 e 2016, dediquei-me ao desenvolvimento do meu primeiro produto inovador na área de oftalmologia. Baseado em uma pesquisa pioneira sobre ceratocone, uma condição que deforma as córneas e prejudica a visão, o estudo apresentou resultados promissores. Inspirado por esses achados, vi a oportunidade de transformar a pesquisa em um produto prático: uma lente especializada para o tratamento do ceratocone.

A pesquisa foi reconhecida e premiada pela sua robustez e contribuição significativa com o Prêmio Hélio Góes. Com o amadurecimento do projeto, estabeleci uma parceria estratégica em São Paulo com a Solótica, uma empresa especializada em fabricação de lentes de contato e uma referência nacional. Juntos, desenvolvemos uma lente inovadora, não apenas para tratar o ceratocone, mas também para corrigir aberrações da superfície corneana e auxiliar pacientes com presbiopia.

Na jornada de desenvolvimento do protótipo, realizamos uma série de testes rigorosos e observamos que a lente demonstrava resultados consistentes, melhorando a visão dos pacientes. No entanto, ao comparar com outras lentes já disponíveis no mercado, percebemos que a melhoria proporcionada não era superior. Diante dessa constatação, tomamos a difícil, mas necessária, decisão de não prosseguir com o projeto.

Essa experiência se revelou uma lição valiosa na minha trajetória como empreendedor: a importância de realizar testes criteriosos e estar preparado para descontinuar um projeto caso os resultados não sejam tão promissores quanto o esperado. Ao longo deste livro, abordaremos o valor de insistir na ideia, de reiterar e até pivotar a tecnologia após testes de campo. Contudo, no caso em questão, a análise criteriosa nos levou a concluir que o mais acertado era cancelar o projeto.

Em 2017, durante a especialização em Oncologia Ocular, em São Paulo, voltei minha atenção para um processo muito complexo de biópsia, tarefa que exigia muito tempo e trabalho do oftalmologista. Além disso, quando as biópsias não eram bem realizadas, o trabalho do patologista — analisar as amostras — ficava mais difícil. Tendo em vista esses problemas, desenvolvi um produto chamado EyePATHO®, voltado para auxiliar as biópsias oculares. Esse dispositivo facilita o trabalho de coleta de material para análise e contribui para o diagnóstico de lesões oculares.

O EyePATHO® é um produto com bastante êxito e permanece sendo vendido e utilizado. Recentemente teve destaque numa pesquisa em que foi utilizado, recebendo o prêmio Rubens Belfort Mattos.

Por volta de 2021, uni forças a um *serial entreprenuer* com larga experiência na indústria farmacêutica: José Armando Gomes. Ele tinha um produto voltado para higienização ocular chamado Blefos® e queria iniciar um laboratório farmacêutico voltado exclusivamente para a oftalmologia. Então providenciei mais testes microbiológicos e fiz algumas sugestões para o aperfeiçoamento do produto. Após esse trabalho de sinergia entre mim e Armando, o Blefos® se tornou um dos principais produtos da nossa empresa e assumimos a liderança do mercado no segmento de higienização ocular em alguns estados do Brasil.

Foi nesse contexto que a NaturEye® Saúde Ocular surgiu. Hoje ela é reconhecida nacionalmente como um laboratório farmacêutico de vanguarda na área da oftalmologia, recebendo alta avaliação dos profissionais de saúde. Seus produtos são comercializados pelas principais redes de farmácias do Brasil e estão em processo de expansão para o mercado internacional.

Vale ressaltar um momento decisivo na trajetória da NaturEye®: inicialmente, considerei a possibilidade de licenciar o EyePATHO® para o Armando. Contudo, percebi que unir forças em uma startup poderia nos levar a horizontes muito mais amplos. Assim, em fevereiro de 2021, a NaturEye® foi lançada com dois produtos inovadores, o Blefos® e o EyePATHO®, marcando o início de uma jornada promissora.

Os produtos da NaturEye® atualmente incluem, além dos já citados, o Olsec®, especialmente formulado para o tratamento do olho seco. A empresa tem ainda um suplemento em cápsulas — DMRI ONE®, baseado no estudo AREDS2 — para tratar a Degeneração Macular Relacionada à Idade (DMRI), uma condição que prejudica a visão central.

Agora, no momento da edição deste livro, estamos nos preparando para lançar nosso quinto produto, uma bolsa térmica para os olhos que aquece em segundos, projetada para oferecer conforto e praticidade. E é apenas o começo — há muito mais a caminho. Como costumo dizer, o céu não é o limite para quem empreende.

Desde 2021, simultaneamente com minhas responsabilidades na NaturEye®, tenho orientado profissionais da saúde no desenvolvimento de inovações e colaborado com outros especialistas na criação de produtos. Um desses produtos inclusive obteve licenciamento nos Estados Unidos.

Este é o resumo da minha jornada empreendedora no setor da saúde. Ver um paciente bem-atendido e satisfeito é uma das minhas maiores alegrias. Atuando na linha de frente, convivo diariamente com os desafios da saúde, sentindo as dores específicas daqueles que necessitam de cuidados médicos eficientes. A motivação para buscar soluções inovadoras e melhorar o cenário da medicina vem dessa necessidade constante. Aliás, minha paixão por novos conhecimentos, especialmente na indústria farmacêutica, também me impulsionou a concluir um doutorado em Biotecnologia em junho de 2023.

Sendo assim, devo dizer que este livro não se encerra nos relatos da minha carreira, pois é também um meio de transmitir conhecimentos essenciais para aqueles interessados em saúde, mesmo que não sejam profissionais do setor. Com mais de uma década empreendendo na saúde, meu objetivo é semear ideias e orientar novos empreendedores, ajudando-os a entender como adquirir conhecimento, sistematizar processos, ter o *seu* produto no mercado e, fundamentalmente, melhorar o tratamento e cuidado das pessoas.

O EMPREENDEDOR

O Vonau Flash é um medicamento inovador, desenvolvido pelo farmacêutico brasileiro Humberto Gomes Ferraz, professor da Universidade de São Paulo (USP). Esse medicamento é conhecido por sua eficácia no tratamento de náuseas e vômitos, especialmente útil em casos de enjoo por movimento ou tratamentos quimioterápicos.

A história do Vonau Flash começa com a pesquisa em parceria com a Biolab Farmacêutica. O medicamento inovou com sua formulação de dissolução rápida, podendo ser administrado sem água, uma característica distintiva do produto. Essa formulação única permitiu que o medicamento agisse mais rápido do que as formas convencionais, oferecendo alívio quase imediato aos pacientes. O sucesso do Vonau Flash foi notável, com a aprovação da Anvisa e a posterior comercialização em larga escala.

A USP, instituição onde o medicamento foi desenvolvido, e os pesquisadores recebem royalties pela comercialização do Vonau Flash. Até o final de 2023, a USP já havia acumulado dezenas de milhões em royalties, refletindo o sucesso comercial e a ampla aceitação do medicamento no mercado.

A história do Vonau Flash é um exemplo inspirador de como a pesquisa e o desenvolvimento de produtos pode levar a inovações significativas no campo da medicina, beneficiando inúmeros pacientes e trazendo reconhecimento e recursos financeiros às instituições de pesquisa e aos pesquisadores.

CAPÍTULO 2
O PRODUTO ASSERTIVO

*"A insatisfação é a principal
motivadora do progresso."*
Thomas Edison

Neste capítulo, exploraremos conceitos fundamentais que definem a essência do Produto Assertivo. Vamos começar com uma definição clara e com o motivo de ele ser tão essencial no cenário moderno de desenvolvimento de produtos.

Imagine um produto que nasce não apenas da criatividade, mas também da precisão necessária para atender às exigências específicas do mercado. Um produto que é criado em tempo recorde, sem recursos exorbitantes, e que ainda assim deixa uma impressão duradoura no mercado. Esse é o **Produto Assertivo**. Mais do que uma simples mercadoria, ele possui voz própria, uma presença distinta e uma capacidade notável de se conectar com os consumidores de forma imediata. É um produto que combina inteligência e sabedoria.

Para entender melhor o conceito, pensemos nas palavras sábias de um visionário do design chamado Jony Ive — chefe do departamento de design industrial da Apple desde 1996, tendo ocupado o cargo de vice-presidente sênior após a morte de Steve Jobs. Certa vez, ele afirmou: "Acho que existe uma beleza profunda e duradoura na simplicidade, clareza e eficiência. Trata-se de trazer ordem à complexidade". Essa filosofia condiz profundamente com a abordagem da metodologia em questão.

Assim como o iPhone revolucionou a indústria ao simplificar complexidades tecnológicas, a metodologia Produto Assertivo traz consigo uma essência similar de simplicidade, sofisticação e acessibilidade.

O Produto Assertivo é uma metodologia que transcende o processo de desenvolvimento de produtos. Durante mais de dez anos de experiência na criação de produtos para a área da saúde, desenvolvi e refinei essa metodologia, aplicando-a com sucesso em diversos contextos, e por isso ela é tão eficaz. Da concepção da ideia até o emocionante estágio de licenciamento para a indústria, o Produto Assertivo representa uma jornada que alia criatividade e pragmatismo.

O Produto Assertivo, ao unir tecnologia e arte de maneira harmoniosa, proporciona criação e resposta à sociedade. Ao ser colocado em prática, fala a linguagem do consumidor, conta uma história intrigante e inspira uma conexão significativa, transformando a arte de criar em uma experiência verdadeiramente assertiva.

As características do Produto Assertivo

Para resolver os desafios que surgem nesse caminho, vamos adentrar as características essenciais que definem um Produto Assertivo. Desenvolver um produto que sobrevive e prospera no mercado exige uma compreensão profunda dessas características. Eis aqui um mapa para ajudá-lo a criar um produto assertivo, e estas são as chaves que lhe abrirão as portas do sucesso.

1. *Inovação*
Em meio às engrenagens da transformação, a tecnologia se revela como um conjunto de ferramentas, equipamentos e softwares avançados que otimizam a prevenção, o diagnóstico, o tratamento e o monitoramento de doenças. A inovação, por sua vez, é a arte de encontrar soluções simples para problemas aparentemente complexos. Destaco a importância da inovação frugal, que representa a capacidade de promover transformações significativas utilizando recursos limitados.

> **No mundo do Produto Assertivo, a inovação frugal é a estrela, buscando fazer mais com menos e transformando desafios em oportunidades.**

2. *Universalidade*
Um produto assertivo deve ser universal, criado para se adaptar a diversas situações, contextos e grupos de usuários. Ele é flexível, inclusivo e atende uma variedade de necessidades e preferências. Além disso, é global, projetado para atravessar fronteiras culturais e regulatórias. A universalidade amplia o alcance do produto e abre portas para mercados internacionais.

3. *Escuta ativa*
Um produto assertivo pratica a escuta ativa. Como assim? Um produto ouve? Sim, ouve atentamente as necessidades do mercado, dos profissionais e dos usuários, e fica atento às devolutivas da fase de criação e adaptação.
Para aprimorar o produto e encontrar seu ponto de relevância, o conceito de *glocalização* representa a mistura sábia de globalização e regionalização. Escute! Ao entender as demandas

específicas de diferentes regiões, um produto assertivo pode ser adaptado para atender às necessidades locais, tornando-se mais atraente para a indústria.

> **A comunicação bidirecional é a espinha dorsal da adaptação contínua e do aprimoramento do produto.**

4. *Comunicação assertiva*
Em um mundo saturado de produtos e informações, a comunicação assertiva é a chave para se destacar, correto? A mesma premissa vale para os produtos na área da saúde; a clareza na comunicação é essencial. Pergunte a si mesmo: "Meu produto se comunica de maneira eficaz com o mercado? Ele é claro para o consumidor?". Produtos que deixam os clientes perplexos ou confusos perdem oportunidades valiosas. O Produto Assertivo não se resume a um item à venda, pois ele demanda uma narrativa convincente, uma voz que interage com o consumidor de forma significativa e memorável. A comunicação deve ser clara, transparente e intuitiva. Um produto assertivo se expressa de forma direta e simples, eliminando qualquer ambiguidade.

Em um cenário de concorrência intensa, a diferenciação é crucial. Não basta apenas criar um produto inovador; é igualmente importante comunicar seu valor de maneira convincente. Este é o cerne do Produto Assertivo: ocupar um espaço no mercado e estabelecer um diálogo contínuo com os consumidores. Ao entender o que está dentro do produto e como ele se comunica, você estará preparado para enfrentar o oceano vermelho de ofertas saturadas e se destacar.

5. *Timing*
O Produto Assertivo também é preciso no "timing", sendo lançado no mercado no momento certo para aproveitar oportunidades e evitar armadilhas associadas ao lançamento prematuro ou tardio.

Agora que exploramos cada característica do Produto Assertivo, convido você a refletir sobre como aplicá-las em suas próprias ideias e projetos. Em um mundo onde a inovação é a moeda mais valiosa, dominar esses princípios é o primeiro passo para criar um produto que cause uma revolução no mercado. Prepare-se para transformar suas ideias em realidades assertivas! A aventura está apenas começando.

Fundamentos da Metodologia do Produto Assertivo

Após compreender o que é um produto assertivo e quais são suas características essenciais, é hora de mergulharmos na metodologia que transforma ideias em produtos tangíveis. As próximas páginas são a porta de entrada para os bastidores do processo, um guia detalhado para ajudá-lo a entender os fundamentos da Metodologia do Produto Assertivo.

A justificativa da Metodologia do Produto Assertivo provém de um conjunto de necessidades que exigem do desenvolvedor de produtos da saúde um método de criação mais rápido, mantendo a qualidade do produto, já que estamos falando de atendimento de saúde. Um fator desafiante deriva do próprio mercado: as normativas e regulamentações complexas — e temos que lidar com elas para evitar delongas no lançamento do produto. Outra questão reside no avanço rápido das tecnologias, que exige do empreendedor precisão e rapidez para que o produto tenha um ciclo de vida que responda ao mercado. E, não menos urgente, a demanda do paciente que sofre com uma necessidade específica e precisa de resposta para sanar sua dor. Nenhuma dor quer esperar.

Com mais de uma década de experiência no desenvolvimento de produtos, percebi a necessidade de otimizar e acelerar o processo, desde a identificação do problema até o produto chegar às prateleiras. Essa metodologia transcende a teoria, pois é uma abordagem testada e comprovada, que utilizei para criar produtos de sucesso, alguns dos quais foram desenvolvidos e lançados em tempo recorde (um período inferior a seis meses).

A Metodologia do Produto Assertivo é composta por cinco passos cruciais, cada um representando uma fase vital do desenvolvimento de produtos. Eles são os pilares que sustentam a transformação de uma ideia em um produto assertivo que impacta o mercado de maneira significativa.

1. *Ideação:* o ponto de partida criativo
No primeiro estágio, na ideação, sua criatividade ganha vida. Você identifica uma dor, uma lacuna no mercado ou um problema que merece ser solucionado. Aqui, a criatividade é livre, mas é apenas o começo.

2. *Anterioridade:* evitando armadilhas comuns
A busca de anterioridade é o segundo passo vital. Você pode ter uma ideia inovadora, mas é essencial verificar se alguém já a teve antes. Evitar reinventar a roda economiza tempo, recursos e, o mais importante, frustrações futuras. O conhecimento das alternativas existentes no mercado é essencial nessa fase.

3. *Prototipação:* transformando ideias em realidade
Com uma ideia sólida e a confirmação de sua originalidade, é hora de criar um protótipo. Nessa fase, a criatividade se encontra com a engenharia. Você transforma conceitos em algo tangível, testando e refinando suas ideias no processo.

4. *Proteção:* salvaguardando sua inovação
A proteção é uma etapa crítica. Após criar um protótipo funcional, é o momento de garantir que sua inovação seja protegida legalmente. Esse passo envolve questões de patente, desenho industrial, direitos autorais e outras formas de proteção intelectual. Mais à frente também abordaremos e desvendaremos os desafios regulatórios e de registro do produto.

5. *Venda:* colocando o produto no mercado
O último passo, mas não menos importante, é a venda. Nessa fase, você leva seu produto para o mercado ou o licencia para uma grande indústria. Além das transações comerciais em si, são as estratégias eficazes de marketing, *branding* e comunicação que garantem que seu Produto Assertivo atinja o público-alvo.

Os cinco passos foram delineados de forma panorâmica, pois cada um será detalhadamente explorado nos próximos capítulos. Da ideação à venda, cada estágio será desvendado, revelando estratégias, dicas práticas e histórias de sucesso para ilustrar a Metodologia do Produto Assertivo em ação.

Ao compreender cada passo, você estará equipado com conhecimento teórico e, principalmente, com ferramentas práticas para transformar suas ideias em produtos de sucesso.

Os objetivos do Produto Assertivo

O objetivo central da metodologia é criar produtos que cheguem ao mercado rapidamente, com características comprovadas de produtos de sucesso. Essa abordagem é singular na área da saúde, na qual nuances específicas muitas vezes complicam o processo de desenvolvimento. A metodologia surge para preencher essa lacuna, fornecendo um passo a passo claro e eficaz para a execução ágil de ideias inovadoras.

A Metodologia do Produto Assertivo é uma bússola confiável para o desenvolvimento ágil e bem-sucedido de produtos na área da saúde.

Para criar essa metodologia, busquei embasamento tanto no conhecimento teórico quanto na experiência prática. Autores como Stephen Key, Patricia Nolan-Brown e Robert G. Cooper foram luzes orientadoras e me ofereceram insights valiosos sobre inovação e empreendedorismo. Além disso, mergulhei na prática, estudando intensivamente, participando de competições e enfrentando os desafios reais do mercado. Proteger propriedade intelectual, entender regulamentos da Anvisa e aprender com tentativas e erros foi parte crucial dessa jornada.

Minha própria trajetória foi a forja na qual a metodologia foi lapidada. Cada tentativa, cada obstáculo superado e cada sucesso alcançado contribuiu para a criação dessa metodologia.

Contudo, o objetivo transversal, a intenção, é encurtar essa trajetória para os próximos empreendedores. A metodologia é o resultado de anos de aprendizado, prática e dedicação, destilados para oferecer um mapa claro e eficiente para o seu sucesso.

Ao compreender o caminho que me trouxe até aqui, você estará preparado para embarcar em sua própria jornada rumo à eficiência e ao sucesso no desenvolvimento de produtos assertivos na área da saúde.

Pressupostos do Produto Assertivo

O que são pressupostos no desenvolvimento de uma metodologia? Pressupostos são questões que devem ser vistas antecipadamente, para evitar que abortem o nascimento e vida do Produto Assertivo.

A Metodologia do Produto Assertivo é um farol no oceano do desenvolvimento de produtos. Ela oferece um caminho claro, um método estruturado para transformar ideias em realidades palpáveis. Todavia, mesmo com um guia, existem desafios inescapáveis ao longo desse processo.

Ao tentar transformar uma ideia inovadora em um produto tangível e bem-sucedido, surgem alguns desafios. Todos eles são obstáculos corriqueiros que podem desencorajar até os mais motivados empreendedores. Se você se encontra nesse dilema, saiba que não está sozinho.

- *Falta ou bloqueio de criatividade.* Vamos desmistificar um equívoco frequente: a crença de que a inovação é reservada para os gênios criativos. Eu mesmo, assim como muitos outros, nunca fui o aluno destaque na turma. A verdade é que a criação de produtos inovadores não é um ato resultante da genialidade, mas da disciplina. Assim como um músculo que se desenvolve na academia, a inovação é uma habilidade que pode ser cultivada e aprimorada. O segredo para o sucesso reside na persistência e no comprometimento sistemático com o processo. Quanto mais você se dedica ao desenvolvimento do Produto Assertivo, mais a criatividade se fortalece, pois ela está presente em todas as etapas, desde a concepção até a comercialização.

- *Incerteza do processo.* O temor de enfrentar o "vale da morte" e percorrer as etapas do ciclo de desenvolvimento de produtos são fenômenos recorrentes. Este medo se manifesta principalmente durante as etapas de prototipagem, obtenção de patentes, processos regulatórios e licenciamento.
- *Demandas de tempo.* Muitos empreendedores têm ideias promissoras, mas a vida agitada e as dificuldades intrínsecas fazem com que essas ideias fiquem no papel ou apenas na cabeça. A falta de tempo, de recursos ou mesmo o desânimo pode levar ao abandono prematuro de projetos inovadores.

Ao enfrentar desafios, como a descoberta de ideias semelhantes ou a falta de confiança ou tempo para continuar, é preciso atravessar o vale da morte e continuar o desenvolvimento do produto. Ir em frente!

- *Falta de recursos.* A Metodologia do Produto Assertivo é fundamentada na premissa de não corrermos riscos financeiros. Assim, sempre defendo a estratégia de começar desenvolvendo um produto mais *simples*, que exija menos investimento. Outra abordagem eficaz, que pessoalmente utilizo, é buscar financiamento por meio de subvenções econômicas. Estas são oferecidas em editais de seleção por empresas e pelo governo, destinadas a financiar o desenvolvimento de produtos inovadores. Ter um protótipo funcional pode aumentar significativamente suas chances de sucesso nesses editais, e receber uma subvenção já é um indicativo do potencial do seu produto no mercado. Mas há também outras formas de financiamento, como editais específicos, crowdfunding, investidores-anjos,[2] programas como o Sebraetec, entre outros. Importante lembrar: não é a falta de recursos que impede o avanço, é a falta de projetos bem estruturados. Portanto, a estratégia financeira não deve ser um obstáculo, mas sim uma parte cuidadosamente planejada e gerenciada do processo de desenvolvimento. Ao criar produtos de forma eficiente, é possível superar desafios financeiros, tirar suas ideias do papel e levá-las para o mercado de maneira ágil e eficaz.

Analisar os pressupostos, buscar informações, organizar-se e desenvolver a estratégia certa antes e durante o processo de desenvolvimento do produto pode evitar muitos contratempos desgastantes. É essencial manter o foco no objetivo principal: ter seu produto no mercado.

---

2   Investidores-anjo são indivíduos de alto patrimônio que investem capital em projetos em estágio inicial, geralmente em troca de participação acionária. Eles fornecem não apenas financiamento, mas também mentorias e acesso a suas redes de contatos, podendo ser essenciais para o desenvolvimento de um novo produto.

Os resultados tangíveis do Produto Assertivo

A Metodologia do Produto Assertivo é capaz de produzir resultados tangíveis ao transformar ideias em produtos por meio da criação de um círculo virtuoso. Esse ciclo pode sustentar um estilo de vida e permitir que você se torne um empreendedor profissional.

Os indicadores-chave de sucesso nessa jornada são mais do que meros números em um gráfico, são transformações profundas na forma como você vive e trabalha. O principal indicador? *Renda passiva*. Imagine um cenário onde seu produto está no mercado, gerando renda enquanto você dorme, viaja ou até mesmo relaxa em casa. Esse é o poder da Metodologia do Produto Assertivo: criar produtos que continuam a oferecer valor, mesmo sem sua intervenção constante.

A beleza desse círculo virtuoso é que ele oferece rendimentos contínuos e, principalmente, liberdade criativa. Depois de licenciar seu produto e colocá-lo no mercado, ele continuará a gerar receita, permitindo que você explore novas ideias.

> **Com a Metodologia do Produto Assertivo, você pode se tornar o mestre do seu tempo e do seu destino criativo, com produtos bem-sucedidos que continuam a trabalhar para você.**

Um dos aspectos mais fascinantes dessa área é o poder dos royalties. Imagine trabalhar em outras funções ou realizar outras atividades enquanto, simultaneamente, seus produtos licenciados geram renda passiva. Os royalties se tornam uma fonte constante de receita, proporcionando liberdade financeira e qualidade de vida.

A renda passiva é mais do que apenas um conceito; é a chave para a transformação de vidas. Ter um produto bem inserido no mercado significa viver como você sempre desejou, dedicando-se às suas paixões enquanto seus produtos continuam a trabalhar por você.

No coração do conceito do Produto Assertivo, encontramos um produto que:

- identifica uma oportunidade de mercado;
- é construído da maneira correta;
- é construído de forma rápida.

Esses três elementos são a base de qualquer Produto Assertivo: entender o mercado, criar a solução certa e fazer isso de forma ágil, sem a necessidade de investimentos massivos — uma ideia inovadora e prática que pode ser concebida, desenvolvida, testada e lançada no mercado em um período de cerca de seis meses.

Vale destacar que este capítulo serve como uma introdução ao núcleo da Metodologia do Produto Assertivo. Nos capítulos seguintes, vamos nos aprofundar em cada etapa desse processo, desvendando os segredos da criação de produtos que inovam e materializam ideias de maneira rápida e eficaz.

Este é apenas o começo de sua jornada na criação de produtos assertivos. Ao entender os princípios fundamentais, você certamente estará pronto para mergulhar nas estratégias que lhe farão um criador de produtos de sucesso, capaz de transformar conceitos em produtos reais, e ideias em renda passiva. Seja bem-vindo(a) ao mundo da inovação ágil e transformadora.

O EMPREENDEDOR

Um ícone intemporal da inovação e eficácia na área da saúde é o Band-Aid, o famoso curativo adesivo da Johnson & Johnson. Esse produto modesto e funcional expressa a essência de um produto assertivo.

Em 1920, Earle Dickson, um funcionário da Johnson & Johnson, concebeu o Band-Aid como uma resposta à necessidade de sua esposa, que frequentemente sofria pequenos cortes e ferimentos no trabalho doméstico. Esse simples curativo, composto por um pedaço de material adesivo e uma almofada absorvente no centro, rapidamente se tornou uma solução prática e eficaz para proteger feridas de sujeira e infecções. O Band-Aid, com sua simplicidade, mostrou que a inovação muitas vezes reside na capacidade de resolver problemas comuns de maneira extraordinária.

O Band-Aid tem as características fundamentais do Produto Assertivo. É simples, fácil de usar e resolve uma necessidade básica. Apesar de sua simplicidade, tornou-se um dos produtos de saúde mais reconhecidos e confiáveis no mercado, demonstrando a importância de focar a essência do problema que se busca resolver.

A beleza da criação do Band-Aid está na sofisticação embutida na sua simplicidade. Ele é industrializável, de baixo custo e aparentemente óbvio, uma combinação que não apenas facilitou sua produção em massa, mas também o tornou acessível para milhões de pessoas em todo o mundo. Sua inovação não está na complexidade, e sim na precisão com que atende a uma necessidade universal.

Simplicidade, eficácia e propósito são a pedra angular de qualquer produto assertivo, e, ao estudar o Band-Aid, podemos observar todos esses princípios em sua notável história, concluindo que, sim, soluções simples podem ter um impacto profundo!

O MÉTODO

CAPÍTULO 3
FASE I | ENCADEAMENTO DAS IDEIAS

"Se existe algo em que você se considera bom, algo que você queira fazer, que tenha um significado para você, tente fazer."
Stan Lee

No mundo da criação, onde as sementes do pensamento se entrelaçam para dar origem a inovações extraordinárias, emerge o conceito fascinante da *ideação*. Neste capítulo, mergulharemos nesse processo, desvendando suas camadas mais intrigantes para revelar o núcleo pulsante de toda inovação: a gênese da ideia.

Comecemos nossa viagem com uma reflexão profunda. "O começo é a metade do todo", proclamou Platão. Essas palavras ecoam através das eras como uma verdade fundamental que muitas vezes negligenciamos: o poder do começo. Quando damos o primeiro passo na trilha da imaginação, já estamos a meio caminho do destino. É isso que significa a arte de começar, a habilidade de conceber algo do nada.

Cada produto que hoje inunda o mercado começou como um simples pensamento na mente de alguém. Toda inovação, antes de se tornar tangível, foi primeiro uma ideia. E se alguém foi capaz de transformar um pensamento em realidade, você também pode! É nesse domínio da possibilidade que a ideação floresce.

A partir desse cenário, vamos aprender a identificar oportunidades latentes para novos produtos. Desde a concepção inicial até a validação da sua ideia, desvendaremos o encadeamento de pensamentos que culmina na criação. Em um mundo repleto de desafios e oportunidades, tudo o que precisamos fazer é olhar mais atentamente. A necessidade, como sempre, é a chave mestra da inovação.

**A cada necessidade não atendida,
a cada problema não resolvido, reside
uma chance de inovação. As possibilidades
são infinitas, tão extensas quanto
a imaginação humana.**

Em um contexto de desenvolvimento de produtos na área da saúde, a ideia cresce como uma flor rara e preciosa. É um processo criativo de gerar, desenvolver e comunicar novas ideias, pois conceitos abstratos podem se transformar em soluções práticas para problemas e necessidades identificados em prol de uma vida saudável e de melhor qualidade. A ideia é a semente da solução, o ponto de partida para a inovação.

Convido você a entrar no reino da ideia. Juntos, vamos explorar esse processo mágico a fim de descobrir segredos que podem transformar simples pensamentos em inovações que moldam o mundo à nossa volta. Vamos desencadear a criatividade, desbloquear o potencial latente e, mais importante, aprender *a arte de começar*. Permita-me guiá-lo pelos surpreendentes caminhos do processo criativo.

Conceito da ideação do Produto Assertivo

Em termos práticos, *idealizar* significa identificar uma dor, um problema que ainda não tem solução ou que não tem uma solução satisfatória. Pode ser a descoberta de uma necessidade não atendida ou a insatisfação com uma ferramenta existente. É o ato de olhar além do óbvio, de questionar o status quo e de encontrar maneiras novas e mais eficazes de resolver problemas antigos. Às vezes é um salto audacioso na escuridão, que confia apenas na capacidade criativa do cérebro humano para iluminar o caminho.

A ideação é muito mais do que uma simples geração de pensamentos aleatórios. É um processo meticuloso que entrelaça problemas e soluções, no qual a mente humana se torna um terreno fértil para a criatividade florescer.

Quando nos deparamos com um problema, algo peculiar acontece. Inicialmente, estamos perdidos, sem saber por onde começar. Mas ao persistirmos, ao convivermos com esse problema, algo extraordinário acontece. Começamos a costurar ideias, uma após a outra, como pérolas em um colar. Cada ideia é uma tentativa de resolver o enigma que a vida nos lançou.

O encadeamento de ideias é precisamente esse processo. É a jornada de identificar um problema, de não ter uma solução imediata, mas de permitir que a mente explore, investigue e imagine. Essa etapa consiste em vasculhar a internet, percorrer lojas físicas, dialogar com diferentes mentes criativas e, mais importante, olhar para dentro de si mesmo em busca da resposta.

O encadeamento de ideias é a busca implacável por uma solução, a construção de uma ideia que parece se encaixar perfeitamente no quebra-cabeça do problema. Porém, uma pergunta importante vem à tona: como identificar o momento exato em que uma simples preocupação se transforma em uma oportunidade de criar algo inovador e significativo? A resposta reside em uma sensação inconfundível: *o incômodo*.

Quanto mais uma dor ou problema o incomoda, mais poderosa é a virada de chave que impulsiona a ação. Esse incômodo não é apenas um desconforto passageiro, mas o início de uma jornada. Nos recessos dessa angústia persistente, é possível encontrar um propósito que impila o inventor a buscar uma resolução.

O papel da dor na ideação do Produto Assertivo

Na imensidão do mundo, permeado por uma infinidade de problemas e desafios, existe um termo que se torna a pedra angular da inovação: *a dor*. Em nenhum lugar essa palavra assume mais importância do que na área da saúde, onde cada dor representa uma oportunidade, uma chance de transformar o sofrimento em solução.

Outrora um obstáculo, aos olhos do inventor a dor se torna um trampolim para a criação, e uma fonte inesgotável de inspiração para o empreendedor.

Então, qual é a dor que merece nossa atenção? Essa é a pergunta decisiva que direciona todo o processo criativo. Em um mundo onde problemas são numerosos, é fundamental escolher sabiamente qual dor enfrentar. Não se trata de encontrar qualquer problema, mas de *identificar a dor* que é verdadeiramente significativa e causa impacto relevante na vida de alguém.

Uma armadilha comum é cair na tentação de tentar resolver todas as dores de uma vez. No entanto, o processo de ideação é bem-sucedido quando nos concentramos em uma dor específica e nos tornamos especialistas em sua complexidade.

> **Focar em uma dor relevante que afeta não apenas uma pessoa, mas uma comunidade, uma nação — essa é a chave para encontrar uma solução que ressoe profundamente.**

Uma dor é digna de ser resolvida — do ponto de vista empreendedor — quando gera impacto. Quanto mais uma solução pode transformar a vida de uma pessoa, maior é o peso dessa dor. Se a solução pode criar mudanças significativas, se pode tornar o cotidiano mais fácil, mais seguro, mais agradável, essa é a dor que merece nossa atenção.

Outro indicador vital é *a onipresença da dor*. Quando muitas pessoas enfrentam o mesmo problema diariamente, essa dor se torna uma oportunidade de mercado. Essa é uma indicação clara de uma necessidade não atendida em grande escala. Identificar uma lacuna no mercado, uma área onde a demanda supera a oferta, significa encontrar uma oportunidade de ouro.

Por outro lado, há um fator que eleva a paixão e a determinação a um novo patamar: quando *a dor é pessoal*. Quando o inventor vive e respira a mesma dor que ele procura aliviar, isso cria uma força motriz incomparável. A dor pessoal é mais do que somente um problema; é uma missão. O inventor se torna o herói de sua própria história, empenhando-se incansavelmente para encontrar uma solução. Ele conhece a dor de perto, e essa proximidade traz uma compreensão profunda, uma visão clara do que é necessário. Quando a dor é pessoal, cada etapa é percorrida com uma confiança ardente, cada obstáculo é superado com uma resiliência inquebrável.

Para desbravar com sucesso o terreno emocional e prático da dor, é necessário aprender a selecionar a dor certa, abraçá-la como uma aliada e transformá-la em uma oportunidade de inovação.

A dor é o que nos impulsiona a criar, melhorar e inovar. E quando essa aflição se torna nossa, quando se torna a força propulsora da nossa jornada, não há limite para o que podemos alcançar.

Karlos, como faço essa análise de forma prática? Existem três tópicos cruciais que você deve analisar para determinar se sua ideia é comercial, se está optando por desenvolver uma solução que ofereça significativo retorno pessoal e financeiro. São eles:

1. *Tamanho do mercado:* avalie a extensão do mercado para entender o número potencial de pessoas afetadas. Um mercado amplo indica uma maior base de consumidores e, consequentemente, um maior volume de vendas do seu produto.

2. *Valor ou impacto do problema:* considere a gravidade ou importância do problema que sua solução pretende resolver. Quanto maior for a urgência ou o incômodo causado pelo problema, maior será a disposição do consumidor em pagar pela sua solução. Um problema significativo justifica um preço mais alto, pois o valor percebido do produto aumenta.

3. *Frequência da necessidade:* analise com que frequência o problema ocorre ou necessita de solução. Produtos destinados a tratar condições crônicas ou problemas recorrentes tendem a gerar vendas repetidas e podem levar a uma forma de receita contínua, semelhante a uma assinatura mensal, já que os consumidores, encontrando alívio e satisfação no produto, acabam fazendo compras regulares.

Quanto maior for o tamanho do mercado, o valor e a frequência de uso de seu produto de saúde, maior será o benefício para a sociedade e, consequentemente, maiores serão os seus royalties. Um produto bem-sucedido nesses aspectos não apenas atende a uma necessidade significativa, como também promove o bem-estar geral, resultando em impacto social positivo e benefícios financeiros para o criador. Ao considerar esses três aspectos, você poderá tomar uma decisão mais certeira sobre o potencial de sucesso da sua solução no mercado, maximizando assim seu retorno pessoal e financeiro.

Case: Mas, Karlos, você já desenvolveu algum produto para resolver alguma dor pessoal? Sim. O primeiro produto que desenvolvi e comercializei foi o EyePATHO®. O EyePATHO® é uma inovação nascida de uma dor pessoal. Durante minha subespecialização em Oncologia Ocular, deparei-me com a complexidade das biópsias em oftalmologia e a dificuldade dos patologistas em analisá-las. Essa dor se transformou em inspiração, levando-me a criar um dispositivo simples e prático: um papel autoadesivo que indicava a origem do tumor ocular. Essa invenção facilitou a vida dos oftalmologistas e patologistas e transformou o diagnóstico dos pacientes, aliviando um fardo que eu próprio carregava.

Outra jornada pessoal me levou a conhecer José Armando Gomes, um grande empresário que comandava oito empresas do ecossistema da saúde. Ele estava lançando um xampu para blefarite, uma inflamação das pálpebras. Fiquei profundamente impressionado com esse xampu, o higienizante ocular Blefos®, um produto excepcional. E não era simplesmente um novo produto, era uma ideia que atendia a uma necessidade íntima da população brasileira. O Blefos® é um produto que foi desenhado e detalhadamente pensado para o tratamento ocular da blefarite, sendo composto de óleos essenciais terapêuticos e pH neutro, proporcionando uma experiência de alívio e conforto. Havia pouca variedade de higienizantes para blefarites na época. O produto que mais vendia tinha um preço elevado para o padrão geral da população. Como médico oftalmologista e alguém que também tem blefarite, eu sabia das limitações dos produtos disponíveis.

Façamos uma pausa para uma análise detalhada do Blefos®, um produto que atende eficazmente a uma necessidade crítica de pacientes com blefarite. Esse produto alivia um problema significativo e melhora a qualidade de vida daqueles que sofrem dessa condição. Considerando que a blefarite afeta entre 35% a 45% da população, o Blefos® se posiciona em um mercado amplo, com cerca de 80 milhões de potenciais usuários apenas no Brasil. Importante ressaltar que a blefarite é uma patologia crônica, sem cura, o que demanda tratamento contínuo. Isso estabelece o Blefos® como um produto de consumo regular, garantindo uma demanda constante e frequente. Esses fatores — um mercado extenso, a capacidade de resolver um problema significativo e a necessidade de compra recorrente — fazem do Blefos® um produto milionário, um campeão de vendas.

Durante um encontro produtivo com Armando, tive a oportunidade de expressar meus cumprimentos a ele pelo notável Blefos® e introduzi o EyePATHO®. Esse momento marcou o início de uma parceria baseada em admiração mútua e enriquecedora troca de conhecimentos e experiências no setor de saúde, com foco particular na saúde ocular. Contribuí com estudos, testes e sugestões para refinamento do Blefos®, enquanto Armando ofereceu insights valiosos para aprimoramento do EyePATHO®. Essa sinergia culminou na fundação do laboratório NaturEye® Saúde Ocular, em fevereiro de 2021, um marco de nossa colaboração frutífera.

A observação ativa pode trazer a solução

Essa conexão íntima entre problema e solução vai além do âmbito pessoal. Em muitas áreas, existe uma prática questionável: criar problemas para vender produtos. Grandes corporações investem recursos significativos nesse modelo, criando necessidades artificiais para, em seguida, apresentar suas soluções. Embora isso seja uma estratégia válida, nunca foi o foco do meu trabalho. O que buscamos aqui é a autenticidade, a verdadeira inovação nascida das necessidades reais e das dores tangíveis que encontramos em nosso próprio caminho.

No complexo panorama das inovações na área da saúde, a pergunta persiste: podem inventores de outras esferas, mesmo distantes do mundo médico, criar produtos que resolvam problemas tão complexos? A resposta é um ressoante *sim*. Essa jornada de transformação não tem barreiras profissionais; é uma estrada que acolhe todas as mentes criativas, independentemente da formação.

Por onde começar? O primeiro passo é *observar* o mundo à nossa volta com olhos curiosos, questionando não apenas "o que é", mas "o que poderia ser". Muitas inovações começam como ajustes, melhorias e combinações de elementos já existentes. Se hoje você não tem uma ideia para um novo produto, tenha certeza de que ela virá.

A prática de observar atentamente o seu entorno e notar as oportunidades é a semente de uma inovação futura. Anote suas ideias e preserve-as, pois elas podem se tornar a fundação de um produto revolucionário.

Uma boa seleção transforma ideação em solução

Em contrapartida, a inovação verdadeira requer mais do que apenas ideias; exige *ação*. Uma técnica eficaz é identificar três problemas ou dores pessoais e escolher qual delas merece ser resolvida primeiro. Aqui, o conselho valioso é focar uma solução por vez. Concentrar-se em uma ideia e levá-la à conclusão é mais poderoso do que perseguir várias ideias ao mesmo tempo.

A escolha do problema a ser resolvido deve ser baseada em critérios específicos. Primeiramente, avalie o *grau de importância da dor*. É uma questão de vida ou morte ou apenas uma questão de comodidade? Dores vitais muitas vezes suscitam consumidores dispostos a pagar qualquer preço por uma solução, tornando-as oportunidades financeiras lucrativas.

Além disso, considere o *tamanho do mercado*: quantas pessoas estão enfrentando essa dor e com que frequência ela é um problema recorrente? Produtos que são comprados regularmente, em especial aqueles relacionados à saúde, podem proporcionar uma fonte constante de receita.

Outro ângulo a explorar é *a qualidade e o preço dos produtos existentes no mercado*. Se há produtos de qualidade inferior ou excessivamente caros, existe brecha para uma inovação mais acessível e de qualidade superior. Às vezes o mercado anseia por produtos melhores, mais acessíveis ou mais eficazes, criando oportunidades para os inovadores. A verdadeira oportunidade reside em preencher essas lacunas, em oferecer soluções onde outros falharam.

O motivo, o acesso e o efeito do Produto Assertivo

Ao seguir viagem pelo encadeamento de ideias, é necessário atenção a algumas características essenciais para a criação de produtos verdadeiramente inovadores.

1. Um produto assertivo deve provocar o efeito "uau!", uma reação de maravilhamento que faz alguém exclamar: "Que ideia genial, como não pensei nisso antes?".

2. A simplicidade também é uma aliada poderosa; como diz um mantra da arquitetura, "menos é mais". Menos componentes significam menos problemas, facilitando tanto a prototipagem quanto a fabricação. Além disso, produtos com menos peças são mais acessíveis ao consumidor, tornando-os uma escolha prática e econômica.

3. Por fim, após definir sua ideia, sugiro que explore o conceito do "círculo dourado", presente no livro *Comece pelo porquê*[3], do palestrante motivacional britânico Simon Sinek. É um modelo que apresenta três camadas:

- **Porquê:** representa o propósito, a razão fundamental pela qual você está desenvolvendo o produto. Que dor você busca resolver e por que ela é tão importante? Qual é a sua crença? Esse propósito é seu ponto de conexão com os compradores, usuários e pacientes. É o seu desafio ao status quo, sua maneira única de pensar. Essa ligação emocional é crucial, pois muitas decisões de compra são tomadas no âmbito emocional. No mercado competitivo, muitos produtos oferecem benefícios semelhantes. Contudo, quando você infunde seu produto com um propósito genuíno, algo especial acontece. Imagine dois produtos com características quase idênticas, mas um deles tem um apelo emocional forte. Pode ser sustentabilidade, responsabilidade social ou qualquer outra causa significativa. Esse produto, com seu "porquê" claro e convincente, se destaca. As pessoas não compram produtos simplesmente, elas investem em histórias, propósitos e valores. O "porquê" eu diria que é o pulo do gato.

- **Como:** refere-se à sua estratégia de mercado. Como se destacará em meio à concorrência? Qual é o seu diferencial? Esse é o seu plano de ação, a maneira como você apresentará sua inovação ao mundo.

---

3   SINEK, Simon. *Comece pelo porquê: como grandes líderes inspiram pessoas e equipes a agir*. Rio de Janeiro: Sextante, 2018.

- **O quê:** engloba as atividades e benefícios do produto. O que ele faz? Qual é o resultado? Esse é o ponto em que a promessa é cumprida, em que a inovação se torna tangível para o usuário.

Ao despertar uma conexão emocional, o produto se torna uma experiência que cria lealdade e constrói uma base fiel de clientes.

Entender o encadeamento da ideia do Produto Assertivo me ensinou que venda é apenas uma consequência. O verdadeiro objetivo do produto deve ser criar impacto, transformar vidas e moldar o mundo ao nosso redor. Entendendo o poder do propósito, você poderá acertar o desenvolvimento do produto a ponto de criar uma revolução, uma mudança real e duradoura no mundo que nos rodeia.

O futuro é moldado por mentes criativas e corações apaixonados que estão equipados com conhecimento para liderar a vanguarda da inovação. Portanto, avance com confiança, paixão e um propósito claro. O mundo está à espera das suas ideias, dos seus produtos e, acima de tudo, da sua inovação com um propósito.

ENCADEAMENTO DA IDEIA > INCÔMODO > IDENTIFICAÇÃO DA DOR > SELEÇÃO DA DOR > OBSERVAÇÃO ATIVA > SELEÇÃO DE 3 IDEIAS > SELEÇÃO DE 1 SOLUÇÃO

O EMPREENDEDOR

A história extraordinária de três irmãs ilustra o poder da inovação, não apenas na área da saúde, mas em qualquer campo. O que nos lembra que qualquer pessoa, independentemente de sua formação, pode ter impacto positivo na vida das pessoas por meio de soluções inovadoras. E o melhor de tudo: não é preciso ser um especialista em saúde para fazer a diferença.

A jornada das visionárias irmãs Mellin começou com uma necessidade pessoal. A mais jovem, Kerry, havia passado por uma série de cirurgias cheias complicações no ombro, e começou a enfrentar dificuldades para segurar objetos simples do dia a dia. Sua luta inspirou suas irmãs a agir. Percebendo que muitas pessoas, de várias idades, enfrentavam desafios semelhantes, elas decidiram criar uma solução adaptativa inovadora.

Essa solução foi o "Eazyhold", uma invenção aparentemente simples, mas muitíssimo impactante. Consiste em uma faixa flexível de silicone, projetada para envolver a mão e o objeto, proporcionando um controle seguro e confortável. Imagine uma pessoa que, devido a condições médicas como artrite ou acidente vascular cerebral, não consegue segurar um talher. O Eazyhold entra como uma ponte simples e eficaz entre a mão e o objeto, permitindo uma independência restaurada para as atividades diárias, desde comer até utilizar ferramentas.

O que torna essa história tão poderosa, além da inovação em si, são os princípios subjacentes a ela. O Eazyhold representa perfeitamente o que refiro como a tríade da inovação: simplicidade, sofisticação e acessibilidade. A simplicidade jaz na concepção direta e na fácil utilização do produto. A sofisticação está na capacidade de resolver um problema complexo de forma elegante. Por último, a acessibilidade é evidente na sua capacidade de beneficiar pessoas de várias condições, independentemente de idade ou limitações físicas, sendo também financeiramente viável (cabe no bolso da maioria da população).

O Eazyhold é um testemunho vivo de que a inovação não precisa ser complicada para ser eficaz. As soluções mais brilhantes podem surgir das necessidades mais simples. Essa história é uma prova de que, mesmo que você não tenha experiência na área da saúde, sua compreensão das dores e sua determinação em resolvê-las podem gerar mudanças significativas na vida das pessoas.

Eis aqui uma lição valiosa, um chamado para que você olhe ao seu redor, identifique as necessidades não atendidas e seja inspirado pela simplicidade. Não subestime o poder de uma ideia aparentemente pequena. Às vezes, é exatamente disso que o mundo precisa.

GENTE ASSERTIVA

Meu nome é José Agostinho Carvalho de Azevedo e sou representante da NaturEye® em Belém, capital do estado do Pará, onde me tornei um profissional respeitado na indústria farmacêutica após quatro décadas de experiência. Logo, posso garantir que a evolução desse mercado foi diretamente influenciada pelos produtos brasileiros no cenário global.

Com vinte anos de serviço na Sanofi e outros vinte anos na AstraZeneca, testemunhei várias transformações na indústria ao longo do tempo. Hoje, como representante comercial em Belém, concentro meus esforços em promover produtos que unem eficácia e saúde, em uma parceria que me inspira diariamente.

Exalto o Olsec®, uma combinação de ômega-3 (EPA, DHA e ALA). A qualidade superior desses componentes é evidenciada pelo certificado de garantia internacional de ômega-3 (selo MEG-3), que proporciona aos pacientes confiança no tratamento. Além disso, o produto é de fácil ingestão, uma característica que tem impulsionado a aceitação dos pacientes.

O impacto de recomendar produtos nacionais no mercado é enorme, especialmente aqueles desenvolvidos por um nordestino para todos os brasileiros. Sinto muito orgulho em promover esse produto que o dr. Karlos Sancho desenvolveu. Percebo ainda uma preferência crescente dos médicos por soluções nacionais e regionais.

O compromisso com a qualidade, aliado à origem genuinamente brasileira desses produtos, fortalece a confiança dos médicos e pacientes, e cria um futuro promissor e inovador para a saúde no Brasil.

CAPÍTULO 4

FASE II | BUSCA DE ANTERIORIDADE, PESQUISA DE MERCADO E VIABILIDADE DO PRODUTO

"Sorte é o que sucede quando a preparação encontra a oportunidade."

Sêneca

No capítulo anterior, exploramos o processo de ideação — quando uma grande ideia para solucionar um problema é concebida. Agora, adentramos a segunda etapa do Produto Assertivo: busca de anterioridade, pesquisa de mercado e viabilidade do produto. Alguns podem até achar que esses termos e conceitos são familiares, e talvez já façam parte do seu vocabulário há algum tempo. No entanto, é crucial entender cada aspecto, especialmente para aqueles que mergulham nesse mundo pela primeira vez e desejam compreender cada etapa do processo.

O que significa exatamente a busca de anterioridade?

Após o estágio da ideação, surge a necessidade de evitar "reinventar a roda", para não realizar um trabalho desnecessário e desperdiçar tempo e recursos valiosos. A busca de anterioridade é o próximo passo após a concepção da ideia e visa responder a perguntas cruciais: a ideia é realmente original? Será que em algum outro lugar do mundo já existe um produto semelhante? Se existir, será que atende totalmente às necessidades do mercado?

Imagine o caso de um médico anestesista renomado nacionalmente, especializado em emergências médicas. Ele se deparou com um dilema: como lidar com uma cricotireotomia em situações de emergência, quando as vias aéreas estão obstruídas? Sua ideia era inovadora: um dispositivo simples, como um abridor de coco, para realizar a cricotireotomia e restaurar a respiração. Parecia uma solução brilhante, até que a busca de anterioridade entrou em cena.

Aqui está a essência da busca de anterioridade: é a ferramenta que nos permite descobrir se algo que imaginamos... já existe. No caso desse médico, descobrimos um dispositivo chamado QuickTrach à venda no Brasil. Esse dispositivo fazia exatamente o que ele queria desenvolver, e de maneira eficaz e acessível. A simples existência desse produto o fez repensar o projeto. Ele percebeu que não valia a pena prosseguir, pois sua ideia já tinha sido concretizada de forma similar.

> **A busca de anterioridade nos impede de "chover no molhado" e nos lembra da vastidão do conhecimento humano e da inovação. Às vezes, as soluções para nossos problemas já existem; precisamos apenas encontrá-las.**

Ao longo deste capítulo, exploraremos as técnicas para conduzir uma busca de anterioridade eficaz, aprendendo com histórias como a do médico anestesista, para que possamos entender a importância de não apenas gerar ideias, mas também de validar sua singularidade.

Sete sugestões para a busca de anterioridade no universo virtual

Em nosso caminho em direção ao desenvolvimento de produtos inovadores na área da saúde, a busca de anterioridade representa uma etapa decisiva que precisamos superar. Muitas vezes, encontramo-nos apaixonados por uma ideia, acreditando que ela é única e revolucionária. Todavia, é comum descobrir, por meio da pesquisa, que nossa genialidade já foi concebida em algum lugar do mundo.

Eis aqui um guia prático, com sete sugestões, para a busca de anterioridade, garantindo que o inventor evite perder tempo e direcione sua energia para o posicionamento de seu produto no vasto mercado da saúde.

Quando o inventor se encontra diante do desafio de explorar territórios desconhecidos em busca de produtos similares ou idênticos ao que imaginou, por onde começar? O processo é meticuloso e exige paciência, mas cada passo é vital para o sucesso de seu empreendimento.

1. Google: o primeiro portal
   - Inicie sua jornada digitando palavras-chave relacionadas ao seu produto no Google. Utilize termos específicos e descritivos.
   - Após a pesquisa inicial, passe para o Google Imagens e Google Shopping. Explore em diferentes idiomas para ampliar seu alcance global.

2. Mercados globais
   - Não se restrinja a fronteiras nacionais. Visite gigantes do comércio eletrônico, como Amazon, Mercado Livre, Shopee, AliExpress e eBay.

- Busque produtos semelhantes ao seu em categorias relacionadas.
- Analise todos os detalhes, como preço, materiais, embalagem e popularidade do produto.

3. Documentação detalhada: seu guia para o sucesso
Mantenha um documento detalhado do seu projeto. Desde a ideia inicial até os detalhes da busca de anterioridade, organize todas as informações. Sugiro a criação de um arquivo no Excel ou PowerPoint, ou de um documento no Google Docs. Anote:
- tamanhos de mercado;
- produtos concorrentes;
- quaisquer informações relevantes encontradas durante a pesquisa.

4. O mundo das patentes: uma mina de ouro de informações
A pesquisa de patentes é uma ferramenta vital. Utilize a ferramenta de pesquisa Google Patents[4] e também procure nos sites do Instituto Nacional da Propriedade Industrial (INPI) e do United States Patent and Trademark Office (USPTO). Descubra se existem ideias patenteadas relacionadas ao seu produto. Ao encontrar algo similar, examine as reivindicações da patente para compreender os detalhes da inovação.

As patentes são mais do que documentos legais, são mapas das possibilidades. Ao examinar as reivindicações de patentes semelhantes, encontramos o que já foi feito e o que pode ser aprimorado. As figuras e descrições detalhadas em patentes oferecem vislumbres de inovação. Se um produto similar não abrange todas as características do nosso conceito, isso

---

4 Google Patents (https://patents.google.com).

pode ser uma oportunidade para nossa própria patente. Para aqueles que buscam orientação especializada, os escritórios de patentes oferecem uma rota personalizada.

5. YouTube: uma fonte inexplorada
Surpreendentemente, o YouTube é uma fonte rica de informações. Muitos inventores compartilham suas criações nessa plataforma. Procure por vídeos relacionados ao seu conceito. As soluções costumam estar escondidas em tutoriais ou vídeos de demonstração. O que destaco na possibilidade de busca no YouTube é o modo de fabricação de algo. Existem inúmeros vídeos falando sobre processo de fabricação. Isso pode ser de bastante ajuda no momento da prototipação.

6. O valor das fotos: um clique de possibilidades
Ao pesquisar patentes ou produtos, foque nas imagens. Muitas vezes um simples desenho pode revelar segredos valiosos sobre a construção e funcionalidade do produto. Use essa técnica para discernir detalhes cruciais.

7. ChatGPT, uma ferramenta revolucionária
Na procura pela excelência na inovação, os limites tradicionais da pesquisa são desafiados. Na busca de anterioridade, adentramos no reino da inteligência artificial e da sabedoria humana, explorando formas inovadoras de descobrir o que já existe e o que pode ser.

A inteligência artificial se tornou nossa aliada, transformando a maneira como exploramos o mundo dos produtos. Ao inserir perguntas e conceitos específicos na ferramenta, podemos mapear o tamanho do mercado e encontrar informações valiosas. É uma nova era na busca de anterioridade, em que a tecnologia amplia nossa visão. Entretanto, esteja atento, pois algumas informações fornecidas pelo ChatGPT 4.0 — no momento da edição deste livro — podem não ser precisas ou verdadeiras.

Lembre-se: a busca de anterioridade não é uma tarefa única; é uma jornada contínua que permeia todo o ciclo de vida do seu projeto. Armado com esses conhecimentos, o empreendedor estará pronto para enfrentar o desafio, garantindo que seu produto se destaque e transforme vidas.

Sugestões para a busca de anterioridade no mundo físico

Na inovação, a busca de anterioridade é o farol que ilumina o caminho do empreendedor. Entretanto, a busca deve ir além das fronteiras digitais. Nessa etapa, o inventor deve extrapolar a pesquisa online e partir para a pesquisa tangível do mundo real, pois a busca de anterioridade é um trabalho virtual e físico.

A pesquisa começa no conforto do seu computador, mas logo se estende para fora do campo virtual. O mundo físico é um tesouro de inspiração. Visite farmácias, lojas de produtos de saúde e até mesmo lojas especializadas. Toque nos produtos, sinta a qualidade e estude a embalagem. Experimente os produtos pessoalmente e descubra o que te encanta.

Cada detalhe conta. O nome do produto deve ser memorável, fácil de pronunciar e relacionado à sua função. A embalagem causa a primeira impressão do produto. Assim, mesmo que o conteúdo seja brilhante, uma embalagem inadequada pode afastar os clientes. A busca de anterioridade revela os produtos que existem no mercado e oferece oportunidades para melhorar o que já está disponível.

Descobrir produtos semelhantes não é motivo para abandonar sua ideia. Por vezes, a presença de um produto similar indica um mercado forte e uma demanda. A verdadeira inovação reside em entender como sua ideia pode superar o que já existe. Se um produto está vendendo bem, analise as falhas dele e veja se sua ideia pode preenchê-las. A busca de anterioridade é um guia para aprimorar sua solução.

Quando exploramos o mundo físico e virtual, não estamos apenas pesquisando produtos, estamos reunindo dados cruciais: o nome do produto, os materiais usados, a quantidade de vendas, o preço mínimo e máximo, e a embalagem do fabricante. Cada informação é uma peça valiosa do quebra-cabeça.

Na arte de inovar, a busca de anterioridade é mais do que uma pesquisa; é uma exploração do conhecido e do desconhecido. Não se trata apenas de descobrir o que já existe, mas de imaginar o que poderia existir.

Encontrar um produto idêntico não é o objetivo final. Se não encontramos o que procuramos, podemos procurar *produtos semelhantes ou complementares*. A chave é encontrar produtos que possam coexistir harmoniosamente com o nosso. Empresas com frequência lançam linhas de produtos complementares. Se o produto pode ser uma *extensão de linha* de um produto existente, isso abre portas para licenciamento e colaborações frutíferas.

À primeira vista, a pesquisa física pode parecer uma tarefa mundana, mas é na verdade um mergulho profundo no mundo dos produtos. Tocar, sentir e observar produtos nas prateleiras nos dá uma compreensão palpável de onde o produto se encaixa e da experiência do cliente.

Combinando o mundo virtual e físico, os empreendedores podem lançar produtos inovadores e transformar o mercado, um nome e uma embalagem de cada vez. As descobertas feitas com a pesquisa podem se tornar um sólido plano estratégico para o nascimento de um Produto Assertivo! E ainda estamos apenas no começo da jornada, o verdadeiro potencial está prestes a ser desbloqueado.

Outras opções na busca de anterioridade

Consultar profissionais pode ajudá-lo a economizar tempo e a realizar uma pesquisa mais abrangente. Embora haja um custo associado, essa abordagem é uma maneira eficaz de garantir que cada base seja coberta, permitindo que os inventores concentrem sua energia na inovação real.

Se você optar por contratar um escritório especializado para essa tarefa, é essencial fornecer informações completas sobre sua invenção, incluindo detalhes específicos e palavras-chave relevantes. Isso garantirá resultados mais precisos e abrangentes na busca de anterioridade.

A busca de anterioridade requer estratégias inovadoras para que o empreendedor possa pensar além do convencional.

Para prevenir o "chover no molhado", uma outra opção de busca de anterioridade é descobrir o que os consumidores realmente desejam e ainda não encontram no mercado. Por essa razão, a arte de *dialogar com o público-alvo* é uma exploração essencial. Entender as necessidades e desejos do consumidor é fundamental para criar produtos verdadeiramente impactantes.

Conversar com os consumidores vai além de meramente apresentar uma ideia; tem a ver com escutar, aprender e interpretar. Vale dizer que é importante falar com amigos e familiares, mas lembre-se de se conectar com aqueles que de fato enfrentam a dor que seu produto busca aliviar. Uma conversa casual pode revelar insights profundos sobre a existência ou não de algo parecido no mercado. A questão fundamental é: alguém além de você busca um produto assim e não encontra?

Abordar pessoas em lojas, farmácias ou outras configurações de varejo pode ser revelador. Fazer perguntas simples e gerais como "Você já viu algo assim antes?" pode desencadear conversas valiosas e evitar encontrar um produto igual ao seu nas prateleiras. O segredo é criar um ambiente ameno, onde as pessoas se sintam à vontade para compartilhar suas opiniões honestas.

Em contrapartida, esse tipo de abordagem traz um lado preocupante: a confidencialidade. Essa é uma preocupação comum ao discutir ideias inovadoras antes de estarem devidamente registradas. Se o empreendedor precisa divulgar detalhes específicos para avaliar a demanda, considerar a assinatura de um contrato de confidencialidade é uma medida inteligente. Isso protege sua inovação enquanto permite investigações detalhadas sobre anterioridade e funcionalidade.

O medo de que suas ideias sejam roubadas é comum, mas a realidade é que poucas pessoas têm os recursos ou o interesse para copiar ideias. Embora a cautela seja aconselhável, a maioria das pessoas está mais disposta a compartilhar insights do que explorar ideias alheias. Equilibrar a cautela com a abertura são atitudes importantes na fase da busca de anterioridade.

A voz do consumidor é um excelente sinalizador que aponta para direções inexploradas e oportunidades ocultas. Preparados para escutar, aprender e inovar, adentramos mais profundamente no coração da inovação, na elaboração de um Produto Assertivo, um produto ainda inexistente ou complementar.

Anterioridade e ajuste entre o produto e o mercado

Com os primeiros contornos da ideação definidos, mergulharemos ainda mais fundo no processo de busca de anterioridade, explorando o ajuste crucial entre o produto e o mercado: o *Product Market Fit* (PMF)[5]. Antes mesmo de criar um protótipo, o inventor deve entender essa sinergia dessa etapa primordial, pois ela determinará o sucesso ou o fracasso de sua inovação.

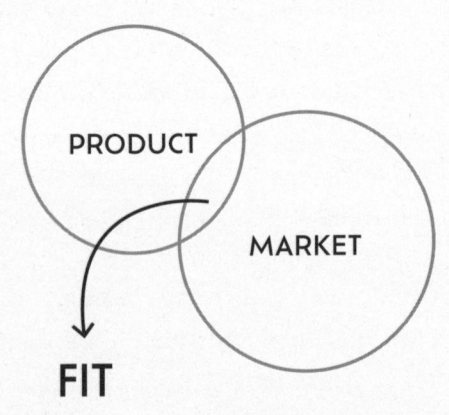

---

[5] O conceito de *Product Market Fit* foi criado por Marc Andreessen, fundador da Netscape e investidor ativo no Vale do Silício, sob a proposta de avaliar o grau de satisfação que um produto alcançou em um mercado específico.

- O que é o PMF? Imagine seu produto como um círculo, e o mercado existente como outro. O PMF é o ponto onde esses círculos se sobrepõem perfeitamente. Representa a junção do que você quer criar com o que o mercado deseja e precisa. Essa harmonia é o PMF, e encontrá-la é indispensável.
- A busca pelo PMF deve começar antes mesmo do protótipo. Contrariando a intuição de alguns, o PMF precede o protótipo. Antes de gastar recursos no desenvolvimento, você precisa garantir que o produto esteja alinhado às demandas do mercado. Precisa ou não? Cabe ou não?

Mais adiante, exploraremos a fundo o conceito de PMF, mas é crucial entender sua importância desde já. PMF é alcançado quando um produto, solução, tecnologia ou startup se adequa perfeitamente às necessidades do mercado. Esse alinhamento costuma ser um indicador de grande sucesso, levando a resultados financeiros expressivos. Conversas profundas, respostas certeiras.

Nesse momento do desenvolvimento do produto, essas conversas se tornam mais refinadas e focadas do que antes, porque não se trata só de saber se existe ou não, mas se será absorvido no mercado ou não. Você deve identificar se seu produto é procurado, se ele resolve um problema real e se as características previstas são realmente desejadas pelo mercado.

- Adaptabilidade e viabilidade: um atributo muito importante para qualquer empreendedor é sua capacidade de adaptação, principalmente após algum achado importante. Às vezes é necessário abandonar uma ideia se ela não encontrar aceitação no mercado. A flexibilidade é a chave para o sucesso.
- Consultoria: se o processo parece esmagador, saiba que existem recursos. Consultar profissionais para ajudá-lo

a explorar detalhes do mercado, adaptando o processo geral às demandas específicas do setor, é uma boa possibilidade.

A busca pelo *seu* Produto Assertivo é uma jornada. Não é uma corrida de cem metros, é uma meia maratona. E é nesse processo que a magia da inovação acontece. Compreender o encaixe perfeito entre seu produto e o mercado é mais do que uma estratégia; é a mola propulsora de uma inovação verdadeiramente bem-sucedida. Ao realizar uma boa busca de anterioridade, o inventor estará um passo mais próximo de transformar sua visão em realidade.

BUSCA DE ANTERIORIDADE › BUSCA NO UNIVERSO VIRTUAL › BUSCA NO UNIVERSO FÍSICO › BUSCA COM AJUDA DE PROFISSIONAIS › BUSCA COM PÚBLICO-ALVO › ANÁLISE DA RELAÇÃO PRODUTO/MERCADO

── **O EMPREENDEDOR** ──

Os curativos hidrocoloides representam uma inovação significativa no tratamento de espinhas e outras lesões cutâneas. Essas pequenas maravilhas são uma solução discreta e eficaz para um dos problemas de pele mais comuns: a acne.

Os adesivos hidrocoloides para espinhas são um desenvolvimento interessante no campo da dermatologia e do cuidado com a pele. Originalmente, os hidrocoloides eram utilizados no tratamento para cicatrização de feridas. A tecnologia evoluiu para o uso em espinhas devido às suas propriedades únicas de absorção de umidade e proteção. Ou seja, os adesivos hidrocoloides para espinhas emergiram como uma adaptação inovadora de uma tecnologia antes reservada para o tratamento de feridas. A utilização de um recurso em outro nicho de mercado ou expansão de mercado pode gerar grandes receitas e oportunidades, como gosto de colocar.

Concebidos para criar um ambiente úmido que acelera a cicatrização de feridas, os hidrocoloides encontraram um novo propósito no mundo da dermatologia. Por absorver o excesso de óleo e umidade, eles se revelaram eficazes no tratamento de espinhas, reduzindo a inflamação e promovendo uma cicatrização mais rápida.

Com o tempo, essa tecnologia evoluiu. Além de adaptáveis em tamanho e forma, hoje esses adesivos são enriquecidos com ingredientes ativos antiacne, como o ácido salicílico. Além disso, eles minimizam a tentação de espremer as espinhas, o que pode piorar o problema e levar a cicatrizes. A conveniência e eficácia dos adesivos hidrocoloides refletem um salto notável na abordagem do tratamento de acne, ilustrando perfeitamente como soluções médicas podem ser reinventadas para novas aplicações na vida cotidiana.

Em resumo, os curativos hidrocoloides são mais do que simples adesivos; são uma revolução no cuidado com a pele. Sua capacidade de promover a cicatrização eficaz, discreta e conveniente tornou-os uma escolha popular para milhões de pessoas em todo o mundo. Com uma solução inovadora para um problema comum, esses curativos continuam a transformar vidas, restaurando a confiança e a saúde da pele, um adesivo de cada vez.

GENTE ASSERTIVA

Em um capítulo especial da minha vida acadêmica, eu me aventurei no incrível mundo empresarial. Meu nome é Amanda Alves, sou estudante do sexto semestre de comércio exterior da Unifor. Fui encarregada de liderar uma equipe de sete pessoas no Núcleo de Práticas em Comércio Exterior (Nupex), assumindo uma missão desafiadora: criar um plano de internacionalização para a NaturEye®, uma empresa cujo nome ecoava nas esferas comerciais da área da saúde. O objeto de nossa atenção? Blefos®, um produto peculiar destinado à higienização das pálpebras e ao tratamento da blefarite — um farol em um mar de opções.

O Blefos® não era estranho para mim; uma conexão familiar me havia introduzido a essa pequena maravilha antes mesmo de ela se transformar em nosso objeto de estudo. A NaturEye®, depois de uma seleção meticulosa na Unifor, abriu suas portas para nós, e, sob a orientação do dr. Karlos Sancho, embarcamos em uma jornada intensa e enriquecedora. O Blefos®, uma criação brasileira, tornou-se não apenas um produto em nossas mãos, mas um símbolo de inovação e potencial para internacionalização.

Nossa equipe desenvolveu um plano de expansão desse produto para o Canadá e a Alemanha, dois mercados estratégicos. Representar um produto nascido nas terras brasileiras, capaz de tocar vidas do outro lado do mundo, foi uma experiência que transcendeu o acadêmico.

Até hoje sinto gratidão pela oportunidade de me envolver em um trabalho que vai além dos livros didáticos e pela chance de representar um produto que demonstra a inovação brasileira.

CAPÍTULO 5

FASE III | PROTOTIPAGEM, TESTES E VALIDAÇÃO

"Empreendedorismo é a busca de oportunidades além dos recursos disponíveis."
Howard H. Stevenson

Após passar pelas fases de ideação e busca de anterioridade, nas quais você definiu o problema a ser resolvido e o propósito do seu produto, é hora de *criar um protótipo*. Mas o que exatamente significa um protótipo?

É uma versão inicial do produto, uma demonstração mínima do que ele será. É importante notar que protótipo e MVP são diferentes. O MVP[6], ou "produto mínimo viável", é uma versão do seu produto mais avançada e pronta para o mercado, enquanto o protótipo é uma etapa inicial, um rascunho do que está por vir.

---

[6] O conceito MVP foi criado em 2001 por Frank Robinson, CEO da SyncDev, empresa norte-americana que atua no desenvolvimento de novos produtos e mercados. Apesar de ter sido criado pelo CEO da SyncDev, o MVP ganhou notoriedade alguns anos mais tarde com o lançamento de *A startup enxuta*, livro de Eric Ries.

A prototipação do Produto Assertivo

Segundo o autor e inventor Stephen Key, o protótipo de um produto pode ser elaborado a partir de três categorias:[7]

- o protótipo que funciona;
- o que parece um protótipo;
- e o que combina ambas as características.

Por exemplo, se o inventor desenvolve um instrumento cirúrgico, ele pode criar um protótipo funcional para testar sua viabilidade prática. Se o projeto envolve um dispositivo caro, um protótipo virtual que se assemelhe ao produto final pode ser uma boa opção. O melhor caminho é escolher o tipo de protótipo adequado ao projeto.

A *prototipação* é essencial para aprimorar o produto e refinar sua solução. Ao criar um protótipo, o empreendedor identifica lacunas, ajusta mecanismos e aprimora a usabilidade do seu produto. O cenário ideal é começar com um desenho claro e organizado da ideia de protótipo. Para isso, é preciso esboçar as características, as porcentagens, as quantidades — tudo o que torna o produto único. Se estiver criando um suplemento alimentar, por exemplo, é importante descrever a embalagem, o nome do produto e outras características visuais pertinentes.

Após esse planejamento, como criar um protótipo eficaz? Utilize ferramentas simples e materiais acessíveis. Se está desenvolvendo um instrumento cirúrgico, pegue instrumentos similares e faça ajustes manuais. Se seu projeto é relacionado a fisioterapia ou educação física, procure produtos semelhantes no mercado. Traga esses itens para casa, use fita adesiva, papel,

---

7   KEY, S. *One simple idea:* turn your dreams into a licensing goldmine while letting others do the work. New York: McGraw-Hill Education, 2011.

cola e tesoura para criar uma versão rudimentar do seu produto. Surpreendentemente, é isso que buscamos em um protótipo: rapidez e eficácia na materialização da ideia.

> **A prototipação não deve se arrastar indefinidamente. Se o empreendedor levar mais de dois ou três meses para criar um protótipo, talvez seja hora de reavaliar sua abordagem ou considerar outra técnica.**

A prototipação e todos os seus desafios demonstram a importância da criação de modelos iniciais. Somente com um bom protótipo é possível avançar para a fase de regulatório e proteção, e aproximar seu produto do mercado.

A prototipação é a chave para transformar sonhos em realidade, e, com a abordagem certa, qualquer ideia pode se transformar em algo concreto e inovador.

O MVP na construção do Produto Assertivo

O dinheiro não é um obstáculo intransponível para a realização de seus sonhos de inovar. Muitas vezes, o empreendedor se pergunta: "Em que medida o aspecto financeiro interfere no desenvolvimento do meu produto?" ou "Vou precisar de investimentos para seguir em frente com o meu trabalho?". Essa é uma questão crucial, mas não deve ser vista como um impeditivo.

Se o dinheiro se tornar um obstáculo devido à complexidade e ao custo elevado do seu produto, será hora de retornar à primeira fase de ideação e pensar em algo mais viável para começar.

O desenvolvimento de um produto assertivo consiste em criar algo financeiramente viável, que qualquer investidor ou empreendedor possa aportar.

O Produto Assertivo deve ser desenvolvido e produzido rapidamente, entregue a um mercado específico no tempo certo, para começar a gerar receita o mais rápido possível.

É importante entender que produtos mais complexos podem ser desenvolvidos posteriormente, quando o empreendedor já tiver alguns itens no mercado. No início, a meta é criar um produto que possa ser lançado em apenas seis meses. Algo rápido e que gere resultados. Esse é o conceito do Produto Assertivo.

O protótipo é criado e testado até validar a ideia. Depois disso, vem o MVP, o produto mínimo viável, que representa a versão do produto que está pronta para ser lançada no mercado. Apesar de ser uma versão mais polida e atraente, é importante lembrar que, conforme indicado pelo seu nome, o MVP é uma iteração básica, contendo apenas o essencial para satisfazer os primeiros usuários e entrar no mercado. Melhorias e aperfeiçoamentos adicionais são planejados para fases subsequentes, após o lançamento inicial. Para desenvolver o MVP, talvez seja necessário ter recursos adicionais para investir em um produto mais sofisticado, facilitando sua aceitação e venda, mas tendo a prerrogativa do menor custo possível.

Karlos, é sempre necessário desenvolver um MVP?

Se o seu objetivo é licenciar o produto, muitas vezes um protótipo bem elaborado é suficiente. Essa é a abordagem principal que defendemos neste livro, criar apenas o protótipo. Nesse caso, você pode se concentrar em criar um protótipo convincente e desenvolver um material de vendas impactante para apresentá-lo às empresas do setor, um tópico que iremos explorar mais adiante.

No entanto, se o seu plano envolve lançar o produto no mercado por conta própria ou por meio de uma startup na área da saúde, aí, sim, a criação de um MVP se torna essencial. Nesse cenário, um MVP bem desenvolvido é fundamental para testar o mercado, refinar o produto com base no feedback dos usuários e estabelecer uma base sólida para o seu negócio.

> **O MVP não deve ser um produto excessivamente elaborado. Pelo contrário, é o mínimo necessário para entrar no mercado e testar sua aceitação.**

Os testes do Produto Assertivo

Chegamos a um estágio crucial do desenvolvimento do seu produto de saúde: os *testes*.

Para desenvolver um protótipo convincente, capaz de despertar o interesse da indústria e garantir o recebimento de royalties, é essencial realizar uma série de testes, mesmo que básicos. Uma *demonstração* eficaz pode ser realizada por meio de vídeos que mostrem o produto em ação, solucionando problemas reais de pacientes. Embora esses testes não precisem ser complexos demais, é crucial que sejam minuciosos e conduzidos com um grupo seleto de pessoas para garantir resultados confiáveis e demonstráveis.

Os "testes A/B" são a espinha dorsal da validação. Esses testes envolvem a entrega do produto aos consumidores para avaliação. Observamos suas reações, preferências e comparamos os resultados com os de produtos concorrentes no mercado. Essa fase é crucial para entender se o produto atende de fato o público-alvo.

Produtos de saúde variam significativamente, tornando a abordagem de teste e validação um campo delicado. No entanto, simplificar o processo é possível. Um protótipo bem-sucedido é o primeiro passo rumo ao sucesso na fase de validação. É fundamental *fazer ajustes* com base nos feedbacks, refinando o protótipo até que ele se torne convincente, quase um MVP. Quanto mais próximo o protótipo for do MPV, mais fácil será licenciá-lo para o mercado.

Após construir o protótipo final, os olhos do empreendedor brilham e sua mente começa a fazer contas: "Quanto o produto vale?". O teste do protótipo ou do MVP é uma bússola valiosa nesse processo.

A pesquisa e os testes são fundamentais para entender se o produto ressoa no mercado. Uma estratégia inteligente é avaliar o *custo de produção* e o *custo de venda*. Ao comparar isso com os preços de produtos similares encontrados durante a busca de anterioridade, é possível encontrar um preço que seja competitivo e lucrativo.

É essencial lembrar que a jornada não termina com o licenciamento do seu produto de saúde para uma empresa que lhe pagará royalties. Na verdade, é aí que tudo realmente começa. Esteja pronto para um percurso dinâmico, recheado de *ajustes*, *inovações* e *descobertas* contínuas, tudo isso enquanto já recebe royalties pelo seu trabalho e criação! O mundo do desenvolvimento de produtos é dinâmico; a flexibilidade e a capacidade de adaptação são seus melhores aliados. Mantenha-se firme na visão, mas esteja disposto a moldar o produto com base nas necessidades do mercado, mesmo depois de o produto ser licenciado. Quanto mais aperfeiçoado ele for, maiores serão as vendas e os lucros auferidos por você e pela empresa licenciada.

É possível estabelecer parcerias com fabricantes para conduzir estudos-piloto. Além disso, colaborar com indústrias ou associações especializadas pode proporcionar oportunidades para testes de validação do protótipo final ou do MVP.

Mas cuidado com algo perigoso: o perfeccionismo! Muitas mentes inovadoras são vítimas desse estado mental.

> **A busca interminável pela perfeição trava a progressão natural do produto. Portanto, é muito importante superar o perfeccionismo e abraçar a ação prática como o motor do sucesso.**

Muitos empreendedores caem na armadilha do perfeccionismo, acreditando que apenas o produto perfeito merece ser lançado. No entanto, essa é uma visão distorcida da realidade do mercado. A verdade é que a busca pela perfeição é uma estrada sem fim, um ciclo infinito de revisão e refinamento que leva à paralisia. O tempo é um recurso valioso, e gastá-lo em excesso no processo de desenvolvimento apenas adia o lançamento do produto no mercado.

A filosofia do Produto Assertivo pode ser encapsulada na seguinte frase: "O feito é melhor do que o perfeito". Em vez de se perder no vórtice da perfeição, os empreendedores assertivos agem.

> **A velocidade é essencial no mundo dos negócios. Testar, prototipar e lançar são etapas críticas que não devem ser adiadas em busca do produto perfeito.**

Frequentemente observamos uma sobrecarga mental no desenvolvimento de produtos, que ocorre quando há uma busca incessante por informações e aprimoramento, resultando em inatividade. Empreendedores obcecados com a perfeição podem encontrar-se presos nesse estado, perdendo a janela ideal de lançamento no mercado e desperdiçando recursos preciosos.

Em vez de se perder na teoria, a prática (ação!) é o caminho a seguir. Assimilar conhecimento é vital, mas aplicá-lo no mundo real é onde a verdadeira magia acontece — o perfeccionismo cede espaço à ação deliberada, e as ideias começam a se transformar em produtos tangíveis.

A prática é o catalisador da transformação. O mercado recompensa aqueles que agem com velocidade e precisão. Não se deixe enredar pelo perfeccionismo; pelo contrário, mergulhe na jornada prática de transformar suas ideias em realidade. No mundo do empreendedorismo assertivo, o progresso é medido pela ação, não pela perfeição. É hora de agir e ver suas ideias ganharem vida no mercado, o lugar a que elas pertencem.

Por outro lado, como fazer testes A/B em produtos de saúde?

A resposta depende do produto em questão. Se for um aplicativo médico, como o renomado "Whitebook", *os primeiros usuários são decisivos*. Eles fornecem feedbacks valiosos sobre preferências e usabilidade, ajudando a moldar a versão final do produto. Já quando são produtos que envolvem regulamentações, como suplementos, vitaminas ou medicamentos, é essencial *compreender os limites regulatórios*, como veremos adiante.

O pulo do gato durante a fase três da prototipação é seguir três princípios fundamentais, para facilitar o licenciamento do seu produto de saúde:

1. *Viabilidade de fabricação*
Seu produto deve ser compatível com as linhas de produção existentes. Isso significa que deve ser possível fabricá-lo com

apenas ajustes mínimos nas linhas de produção atuais. Empresas raramente estão dispostas a investir significativamente em novas linhas para um produto cujo sucesso de mercado ainda não está comprovado. Para compreender melhor as linhas de produção, recomendo visitar fábricas ou realizar pesquisas sobre essas linhas no YouTube, Google ou recursos como o ChatGPT.

2. *Acessibilidade ao consumidor*
Considere sempre o orçamento do consumidor final. Se seu produto é novo no mercado e tem um custo superior ao dos concorrentes, você enfrentará barreiras para o licenciamento. O produto deve oferecer mais valor e ser mais acessível do que os produtos já disponíveis no mercado.

3. *Intuitividade do produto*
O design, a caixa, o frasco etc., tudo do seu produto deve ser intuitivo. Os consumidores, atarefados com o cotidiano acelerado, não têm tempo para decifrar o funcionamento de um novo produto ou ler manuais de como usá-lo. Produtos que requerem aprendizado detalhado para o uso geralmente encontram maior resistência no processo de licenciamento.

Karlos, e se o meu produto não aderir a essas três diretrizes?
Posso afirmar com convicção que o caminho para o licenciamento será significativamente mais desafiador, quase como "nadar contra a corrente". Sem dúvida, essa não é a situação desejada nem por você nem por mim. O propósito desses pontos é reduzir qualquer resistência ao licenciamento do seu produto de saúde. Portanto, é altamente recomendável prestar atenção a esses três princípios.

A validação do Produto Assertivo

A maior validação que buscamos reside no feedback dos consumidores, seu guia definitivo. Ele revela se o inventor encontrou o tão almejado *Product Market Fit* — o encaixe perfeito entre seu produto e o mercado.

A validação é o grande ponto de virada, no qual as vendas são garantidas e o sucesso é uma certeza. Essa é uma etapa fundamental para entender se a visão do inventor está alinhada com as necessidades reais do seu público-alvo.

Ao entender a prototipação, o *Product Market Fit*, os testes e a validação, o empreendedor garante que seu produto não será apenas mais uma estatística sombria. No passado, muitos produtos falharam porque seus criadores não testaram e validaram as ideias no mundo real. Engenheiros e desenvolvedores frequentemente concebiam soluções sem validá-las no mercado. E o resultado era claro: metade desses produtos morria antes mesmo de nascer. Os testes, então, se revelam como um antídoto poderoso contra esse revés, minimizando os riscos e aumentando as chances de sucesso.

Durante os testes, a palavra-chave é "pivotar". Esse é um momento crucial, em que o inventor decide se deve persistir com a ideia original ou adaptá-la às demandas do mercado. Se os resultados dos testes forem positivos, você estará no caminho certo. No entanto, se as respostas forem mornas ou negativas, a pivotagem se torna sua estratégia-chave. É a arte de modificar, de reinventar o produto para que ele se alinhe com o que os consumidores realmente desejam.

A essa altura, é importante compreender que a opinião mais importante vem do consumidor, não dos amigos ou familiares. Sua família pode aplaudir seu esforço, mas são os consumidores reais que ditarão o sucesso. Se eles responderem positivamente ao produto, este logo estará a caminho do *Product Market Fit*.

Quando encontra o ajuste perfeito ao mercado, o produto se torna irresistível, gerando uma demanda que pode ser difícil de gerenciar — e esse é o melhor problema que você pode ter.

O objetivo final é alcançar o *Product Market Fit*, e é por isso que passamos por todas essas etapas rigorosas. Queremos criar produtos que não apenas existam, mas prosperem, produtos feitos com recursos limitados, mas que deslumbram o mercado.

O Produto Assertivo é aquele que se destaca, que atende às necessidades dos consumidores e as supera. Ao chegar a esse ponto — com um produto de sucesso caminhando para um futuro brilhante e lucrativo —, seu produto precisará de proteção.

| PROTOTIPAÇÃO, TESTE E VALIDAÇÃO | PROTOTIPAÇÃO DO PRODUTO ASSERTIVO | PROTÓTIPO FINAL DO PRODUTO ASSERTIVO | TESTES DO PRODUTO ASSERTIVO | VALIDAÇÃO DO PRODUTO ASSERTIVO |

O EMPREENDEDOR

Nasceu da mente de Amir Belson, da ZipLine Medical, o "ZipStitch", uma maravilha moderna destinada a mudar a forma como enfrentamos pequenas emergências médicas.

O ZipStitch é um dispositivo inovador usado para fechar pequenas feridas de forma rápida e segura, oferecendo uma alternativa aos métodos tradicionais, como suturas ou pontos.

Ele é particularmente útil em situações em que o acesso a cuidados médicos é limitado ou em pequenas emergências. No entanto, é importante notar que feridas profundas, muito largas ou contaminadas não podem ser resolvidas com essa tecnologia.

A história do ZipStitch é uma saga de simplicidade e engenhosidade. Em um mundo onde as suturas e grampos reinaram supremos por séculos, surgiu um adesivo especial com pequenos "dentes" ao longo de sua fita, pronto para unir os destinos de peles separadas por acidente ou infortúnio.

A jornada do ZipStitch continuou além das fronteiras da medicina tradicional, encontrando seu lugar em mochilas de aventureiros destemidos, caixas de primeiros socorros de viajantes audazes e até mesmo em lares, onde pequenos acidentes são parte da aventura diária. Ele transformou os momentos de pânico em instantes de calma, substituindo a incerteza pelo conhecimento de que a ajuda estava literalmente ao alcance das mãos.

Nascido do desejo de simplificar, o ZipStitch se tornou um símbolo de inovação.

GENTE ASSERTIVA

Meu nome é Melina Correia Morales, sou médica oftalmologista especializada em plástica ocular, ultrassonografia ocular e oncologia ocular. Sou chefe do setor de oncologia ocular da Escola Paulista de Medicina, em São Paulo, onde conheci o dr. Karlos Sancho.

Tive o prazer de conhecer dois de seus produtos. Tenho experiência com o Blefos®, que é um higienizador de cílios que eu utilizo com frequência. Além disso, estou profundamente envolvida no projeto que envolve um de seus produtos inovadores: o EyePATHO®, um pequeno papel-filtro com desenho de olho, usado em biópsias de superfície ocular a fim de preparar a peça antes de uma análise patológica. Esse produto facilita muito o trabalho, tornando-o mais intuitivo, tanto para mim quanto para os patologistas. Conduzi um estudo comparativo entre esse método e os métodos tradicionais de biópsia, e a minha opinião pessoal e a dos patologistas é que o uso desse produto é muito mais eficaz e intuitivo.

A ideia para esse produto surgiu do próprio Karlos durante seu tempo de estudo aqui na escola. Ele percebeu as dificuldades e confusões associadas ao método tradicional de preparação de biópsias, no qual as peças eram colocadas em papel branco para serem enviadas aos patologistas. Essa confusão o levou a buscar uma solução mais prática e intuitiva, resultando no desenvolvimento desse papel-filtro com desenho de olho, o qual tive a oportunidade de testar e me levou a um estudo formal para avaliar sua eficácia.

É maravilhoso que um brasileiro, nordestino, tenha desenvolvido esse produto inovador. Sempre admirei a mente criativa e inovadora do Karlos, e sua coragem para enfrentar desafios e buscar soluções para problemas reais na medicina. É um orgulho para mim e para todos os colegas médicos utilizar um dispositivo tão útil e inovador criado aqui no Brasil. Eu já disse isso a ele pessoalmente, mas reforço o quanto sou grata por suas contribuições para a nossa área e para a medicina como um todo.

CAPÍTULO 6
FASE IV | CAMADAS DE PROTEÇÃO DO PRODUTO E APROVAÇÕES REGULATÓRIAS

> *"A sorte não existe. Aquilo a que chamas sorte é o cuidado com os pormenores."*
> **Winston Churchill**

Nos capítulos anteriores, mergulhamos nas etapas cruciais do desenvolvimento de um produto: da ideação à busca de anterioridade, passando pela prototipação e validação. Nossa jornada continua ao adentramos o território vital da *proteção do produto*.

A essa altura, você deve estar se perguntando: o que exatamente significa proteger um produto? Ao investir tempo e recursos financeiros no desenvolvimento de uma ideia, a intenção é realizar esse processo de maneira eficiente, a fim de evitar gastos desnecessários.

Imagine a complexidade de criar um produto inovador, bem-visto pelo público e, no dia seguinte, descobrir que alguém o copiou. Grandes empresas podem representar uma ameaça, atropelando nossos esforços. E se você encontrar dificuldades em licenciar a ideia para outras empresas por não ter garantido uma proteção adequada para o produto? É por causa dessas e de outras situações que entra a importância da proteção do produto.

A proteção do produto atua como uma barreira de entrada, impedindo que concorrentes ingressem imediatamente no mercado. No decorrer das próximas páginas, exploraremos a rede da propriedade intelectual, revelando diferentes formas de salvaguardar seu produto. Vale ressaltar que nem sempre é necessário possuir uma patente ou alguma forma específica de propriedade intelectual para garantir essa proteção; estratégias alternativas também desempenham um papel crucial. O essencial e o ponto central é assegurar estratégias, ou o que prefiro denominar "camadas de proteção", para tornar evidente e reconhecível por outras empresas que você é o legítimo proprietário daquela inovação. Ao deixar o direito de propriedade do seu produto de saúde bem definido, as empresas que adquirirem a licença terão clareza sobre a autenticidade e estarão dispostas a pagar royalties a você, com satisfação, por muitos anos.

A propriedade intelectual, por definição, é um ativo desenvolvido pelo trabalho intelectual, muitas vezes assumindo uma forma intangível. Diversos tipos compõem esse espectro, incluindo direitos autorais, desenho industrial, patente, marca, localização geográfica e segredo industrial. Com esse conceito em mente, concentraremos nossa atenção em proteções relacionadas a produtos da área da saúde, destacando três pilares fundamentais: *patente*, *marca* e *desenho industrial*.

Então, prepare-se para, ao final deste capítulo, estar equipado com o conhecimento necessário para resguardar sua inovação e garantir seu lugar no mercado e viver de royalties.

Processo de depósito no INPI do seu Produto Assertivo

No universo da proteção da propriedade intelectual, adentramos o processo de depósito no INPI, órgão que regula a propriedade intelectual no Brasil. Antes de abordarmos o processo propriamente dito, é bom enfatizar um equívoco sobre terminologias: uma expressão comum, porém equivocada, é "patentear uma marca", a terminologia correta é *registrar*; uma marca é registrada, bem como o desenho industrial também é registrado. Já o termo "patentear" se aplica ao depósito de patente.

O registro de patente garante o direito sobre os lucros de uma invenção. Resguarda e protege a ideia e os direitos sobre os resultados financeiros que advêm dela.

Voltando ao processo do depósito, muita atenção ao seguinte aspecto: ao realizar o depósito da patente, o produto não está automaticamente patenteado. Por que isso? Porque cabe ao INPI avaliar com cuidado a validade da pretensão, um procedimento que demanda tempo. Sendo assim, o depósito não confere a patente de imediato, o sistema indica que o processo está *em andamento*, e também pode mencionar que a patente está pendente ou aguardando validação, ou ainda que o produto tem patente requerida. Mas afirmar que o produto está patenteado antes do veredito é incorreto e passível de processo legal.

Por que o tempo de verificação é necessário? Porque uma validação de patente envolve três condições cruciais, que serão verificadas no processo de depósito:

- Em primeiro lugar, a *novidade* é fundamental; a pesquisa deve revelar a inexistência de algo semelhante no mercado ou no estado da arte.
- Em seguida, a patente exige *atividade inventiva*, ou seja, a presença de elementos não óbvios para especialistas na área.
- Por fim, o produto deve ser *industrializável*. A patente requer que ele tenha capacidade de ser produzido em larga escala.

Esses requisitos consolidam o caminho para a obtenção efetiva de uma patente, marcando o território da inovação e proteção no imenso campo da propriedade intelectual.

Analisando o caminho do desenvolvimento de um produto verdadeiramente inovador, é fascinante perceber que, durante a busca de anterioridade, a ausência de descobertas prévias sobre o produto desejado é um indicativo positivo. Essa lacuna no mercado sugere que o requisito fundamental da novidade já está cumprido.

Assim, torna-se imperativo avaliar a atividade inventiva, a capacidade de criar algo singular pela primeira vez. Mas vale notar que a atividade inventiva não está ligada apenas a uma inovação revolucionária. Existem duas categorias de patentes: a Patente de Invenção (PI), para criações completamente novas; e a Patente de Modelo de Utilidade (MU), frequentemente mais acessível e aplicável.

Para esclarecer ainda mais a distinção entre patente de invenção e modelo de utilidade, vamos discutir um produto que revolucionou a saúde: a seringa hipodérmica.

Antes da consolidação da seringa moderna, as práticas médicas incluíam o uso de instrumentos volumosos e reutilizáveis para a administração de injeções. Esses instrumentos exigiam esterilização entre os usos, complicando o processo e comprometendo frequentemente a segurança.

A invenção da seringa hipodérmica moderna, tal como é conhecida atualmente, é creditada a Charles Pravaz e Alexander Wood na década de 1850. Eles desenvolveram uma seringa equipada com um cilindro de vidro e um êmbolo, permitindo a administração precisa de medicamentos diretamente nos tecidos subcutâneo ou intramuscular.

A inovação da seringa hipodérmica consistiu na criação de um dispositivo que possibilitava uma dosagem exata e controlada dos medicamentos, além de apresentar um design que favorecia a higiene pela facilidade de esterilização. Esta seringa representou um progresso notável em comparação com as técnicas anteriores de administração de medicamentos, que eram menos precisas e higiênicas.

A introdução da seringa hipodérmica representou uma revolução na prática médica, facilitando injeções que são simultaneamente rápidas, seguras e precisas. O desenvolvimento deste dispositivo foi crucial para o avanço de numerosos tratamentos, incluindo a administração eficaz de vacinas e medicamentos essenciais. Este exemplo ilustra uma patente de invenção.

A partir dessa PI surgiu um modelo de utilidade, que é a seringa de segurança. Tradicionalmente, as seringas médicas apresentavam riscos significativos após o uso, como ferimentos por agulhas e a transmissão de doenças decorrentes do contato acidental com agulhas expostas. A seringa de segurança aborda essas preocupações de forma eficaz ao incorporar um mecanismo que permite a retração automática da agulha para dentro do corpo da seringa imediatamente após a injeção do medicamento. Este mecanismo pode ser ativado por uma mola ou outro sistema de travamento e representa um avanço inventivo notável, pois não só aumenta a segurança dos profissionais de saúde e dos pacientes, mas também reduz o risco de infecções cruzadas. A introdução desse mecanismo de segurança transformou as seringas de segurança em um padrão comum em muitos procedimentos médicos, diminuindo drasticamente os incidentes de ferimentos por agulhas e elevando o nível de segurança no ambiente de saúde. Esse exemplo ilustra claramente como uma modificação prática e eficiente em um instrumento médico existente pode melhorar significativamente tanto sua segurança quanto sua funcionalidade, exemplificando o propósito e o impacto de um modelo de utilidade na área da saúde.

Outros exemplos de MU são a tesoura para canhoto, porta-sabão em pó com dosador, ferro de passar com borrifador, rodo com depósito de água e spray etc.

Por fim, temos a viabilidade industrial do projeto. A invenção deve ser útil e capaz de ser feita ou usada na indústria. Isso não significa que precisa ser um produto físico (pode ser um processo), mas deve ter uma utilidade prática e não ser meramente teórica.

Destaco aqui uma dica valiosa: inicialmente, a atividade inventiva pode não ser óbvia, sobretudo quando produtos similares já existem no mercado. No entanto, ao conseguir reduzir os custos de produção, por meio de um método diferenciado de fabricação, surge uma oportunidade única. Aqui, entra a possibilidade de *proteger o método de fabricação do produto*, contemplando novidade, atividade inventiva e a própria fabricação.

Conheço inventores que, diante de produtos já patenteados, encontraram brechas ao atualizar métodos de fabricação e tiveram uma patente concedida. Imagine um produto cuja patente tenha expirado — porque a patente tem tempo de validade. Reformulando o processo de produção, você cria uma patente nova e valiosa. Pode-se até desenvolver múltiplos métodos de fabricação para resguardar o produto, de modo que qualquer tentativa de reprodução exija o pagamento de royalties.

Após todo o trabalho intelectual e testes realizados com o protótipo, o objetivo principal do empreendedor deve ser proteger seu produto contra possíveis usurpadores.

Resumindo, as estratégias de proteção englobam desde a busca por novidade e atividade inventiva até a proteção dos métodos de fabricação, visando garantir que quem deseje se apropriar de uma inovação tenha que reconhecer a contribuição do inventor e recompensá-lo devidamente. Essas são as estratégias que moldarão a salvaguarda do fruto do seu trabalho intelectual, um passo crucial no processo de inovação.

NOVIDADE → ATIVIDADE INVENTIVA → VIABILIDADE DE PRODUÇÃO INDUSTRIAL

A proteção do seu Produto Assertivo pode ser garantida como um desenho industrial!

Certa vez, participei ativamente no auxílio a um médico oftalmologista no desenvolvimento de um instrumento inovador para cirurgias de estrabismo, um ganho cirúrgico notável. Durante esse processo, identificamos que tanto a patente quanto o *desenho industrial* se aplicavam a esse instrumento cirúrgico. Vale ressaltar a importância estratégica do desenho industrial, especialmente quando se busca proteger o design do desenvolvimento.

Desenho industrial, tal como definido no art. 95 da Lei da Propriedade Industrial (LPI), é

> a forma plástica ornamental de um objeto ou o conjunto ornamental de linhas e cores que possa ser aplicado a um produto, proporcionando resultado visual novo e original na sua configuração externa e que possa servir de tipo de fabricação industrial.

Para instrumentos cirúrgicos, o desenho industrial se destaca como uma opção relevante. Há momentos em que a proteção por meio de uma patente pode ser desafiadora, mas o desenho industrial surge como uma alternativa viável. Uma das vantagens notáveis desse método é sua eficiência em termos de custo e tempo. É possível ter o desenho industrial protegido em até um ano, desde que não haja contratempos.

A obtenção de uma patente no Brasil, infelizmente, pode levar de três a cinco anos. Mas, apesar de o processo demorar alguns anos, o direito começa a valer a partir do momento do depósito, contanto que tudo seja posteriormente aprovado pelo INPI. Em casos específicos na área da saúde, é possível solicitar trâmites prioritários, antecipando a análise.

Cada produto desenvolvido exige uma estratégia de proteção intelectual personalizada. Para isso, aconselho-o a buscar a orientação de um escritório especializado em patentes. Paralelamente, é benéfico adquirir um conhecimento básico sobre propriedade industrial. Uma ótima forma de fazer isso é por meio de cursos gratuitos oferecidos pelo INPI, que podem fornecer uma compreensão mais aprofundada do processo. Esse conhecimento será valioso inclusive para escolher o escritório de propriedade intelectual mais adequado para suas necessidades.

É importante estar ciente de que alguns profissionais podem cobrar valores elevados, prometendo muito, mas entregando resultados aquém do esperado. Por isso, recomendo que você tenha cautela ao selecionar um escritório para a proteção do seu produto, priorizando aqueles com boas referências.

Quanto aos custos com a patente, eles variam conforme o tipo de proteção. Fora isso, é importante ter em mente que patentear não é uma empreitada barata. Ao optar por serviços de um escritório especializado, o valor do investimento pode ser significativo. Logo, é essencial realizar cada etapa do processo com precisão para garantir que esse investimento valha a pena.

Independentemente do custo, a eficácia da proteção dependerá da sua participação ativa no processo de patenteamento.

É fundamental que você articule claramente sua solução ou inovação, bem como os pontos-chave, nas reivindicações da patente. Certifique-se de que o texto da patente seja compreensível e convincente tanto para você quanto para o examinador do INPI, que será responsável pela avaliação do seu pedido. Uma comunicação clara e precisa é essencial para garantir que a patente reflita adequadamente o valor e a unicidade da sua inovação.

Propriedade industrial abarca: marcas, patentes, desenho industrial, transferência de tecnologia, indicação geográfica, programa de computador, topografia de circuito integrado etc.

No caso de aplicativos e programas de computador, o processo é mais complexo devido às diversas formas de execução de uma mesma função. Em tais casos, sugiro buscar a orientação de um escritório especializado em propriedade intelectual para proteção de softwares. No universo dos aplicativos, muitas vezes o que realmente importa é ser o primeiro a entrar no mercado, apresentando bons resultados e consolidando uma marca, a *sua* marca. Uma marca robusta e devidamente registrada no INPI pode ser uma das estratégias mais eficientes para diferenciar seus produtos e serviços da concorrência.

Para finalizar este tópico, uma dica valiosa e que merece atenção e cuidado: ao proteger sua patente ou desenho industrial, especialmente após a rápida prototipagem e testes, considere com cuidado a escolha de incorporar partes externas que não estiveram diretamente envolvidas no processo de desenvolvimento, como indivíduos adicionais, empresas, Instituições de Ciência e Tecnologia (ICTs) ou universidades. Embora possa haver alguma colaboração, é fundamental avaliar se o acordo é vantajoso, pois alguns entraves podem surgir devido a dificuldades na negociação de royalties e outros aspectos. Em casos em que as partes envolvidas não estão alinhadas, o processo pode ficar estagnado, e a patente correrá o risco de morrer no vale da morte. Portanto, a palavra de ordem é: não deixe sua patente morrer.

O mais importante para o inventor é garantir que sua inovação não apenas sobreviva, mas também prospere no mercado competitivo.

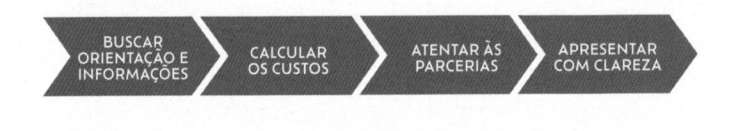

BUSCAR ORIENTAÇÃO E INFORMAÇÕES → CALCULAR OS CUSTOS → ATENTAR ÀS PARCERIAS → APRESENTAR COM CLAREZA

Uma solução para a proteção do seu produto

Depois de passar pela fase de ideação, não se precipite em buscar imediatamente a patente. Essa abordagem seria como "colocar a carroça na frente dos bois". Se a ideia não passar pela busca de anterioridade, o inventor corre o risco de perder tempo e recursos em uma patente inviável.

Após a busca de anterioridade o passo seguinte é a criação do protótipo, permitindo que os testes promovam a evolução do produto. Por vezes esse processo resulta em alterações significativas na patente originalmente concebida. Portanto, a recomendação é clara: não patenteie de imediato! Siga a Metodologia do Produto Assertivo, pois essa é a maneira mais eficaz de garantir o êxito do processo.

Após o depósito da patente, você tem até um ano para tentar licenciar seu produto de saúde para o mercado. Caso não ocorra a licença nesse período, surge a opção do Tratado de Cooperação em matéria de Patentes (PCT). Esse tratado oferece mais dezoito meses para você decidir em quais países deseja depositar a patente após o Brasil.

Durante esses dezoito meses do PCT, você deve considerar cuidadosamente suas opções, considerando que cada país envolvido representa um custo adicional. Dependendo da quantidade e do tipo de patentes, os gastos podem chegar a cifras consideráveis.

> **Diante dos gastos expressivos que são necessários para proteger um produto, o caminho mais eficiente é desenvolvê-lo primeiro, patentear no momento adequado e, por fim, buscar licenciamento.**

Dessa forma, a empresa assume os custos e o empreendedor pode vender seu produto como um todo, se desejar. A alternativa de ingressar no PCT após esse período inicial aumenta os custos de maneira considerável, portanto enfatizo: a decisão de patentear imediatamente após a ideia pode resultar em gastos desnecessários. Ao realizar o depósito de uma patente com base na ideia inicial, é comum que, ao longo do desenvolvimento, o produto final se distancie significativamente da concepção patenteada originalmente. Nessas circunstâncias, pode ser necessário investir em uma nova patente para garantir a proteção adequada da versão final do produto.

A experiência pessoal e os erros cometidos ao longo do tempo me serviram como valiosos aprendizados, consolidando minha compreensão do que vale a pena ou não. Sendo assim, recomendo que você realize toda a preparação necessária até obter o protótipo final. Somente após alcançar essa etapa, proceda com o registro da patente e as demais camadas de proteção. .

Ratifico em resumo que a estratégia é ter tudo preparado para o licenciamento e só então realizar o depósito da patente, que tem um custo aproximado de dois salários mínimos. Como já foi dito, isso lhe dá uma janela de um ano para licenciar sua invenção para uma empresa. Se por algum motivo, como atrasos ou necessidade de ajustes, você não conseguir licenciar dentro desses doze meses, ainda há a opção de recorrer ao PCT, que tem um custo adicional de sete a dez salários mínimos. O "pulo do gato" está em conseguir o licenciamento no primeiro ano, fazendo com que a empresa licenciada assuma os custos subsequentes da patente.

Infelizmente, já vivenciei as consequências do terrível erro de patentear uma ideia imediatamente. Em 2010, depositei minha primeira patente sem seguir o processo adequado. Tive uma ideia, participei de um prêmio e, antes mesmo de aproveitar completamente a solução, de fazer e testar o protótipo, decidi patentear. Foi uma sequência de decisões equivocadas, incluindo uma patente mal elaborada e a falta de orientação adequada, resultando na perda desse investimento considerável. Não quero que você, que está lendo este livro e desenvolvendo seu produto na área da saúde, passe pela mesma situação que eu passei em 2010.

Existem estratégias alternativas de proteção sem a necessidade de patentear. Uma delas é proteger uma marca (o registro). A proteção de marca é mais acessível, e você pode realizar o processo por conta própria. A marca é um ativo bastante comercial e pode ser uma das melhores proteções para o seu produto.

O processo de proteção de marca tem um custo muito baixo. Ele pode ser feito por uma pessoa física, e há uma maneira relativamente fácil de realizá-lo, utilizando o site do INPI. Basta fazer uma busca de anterioridade no site. Se a marca não existir, o inventor pode solicitar o registro e pagar a taxa do INPI.

Quando o inventor protege sua marca, garante dez anos de direitos sobre ela, e, ao renovar o registro, pode manter a propriedade sendo renovada indefinidamente, por um período de dez anos de cada vez. A marca pode ser uma alternativa valiosa caso você não consiga patentear ou obter um desenho industrial no início do processo.

Como mencionado anteriormente, é possível que você mesmo realize o protocolo de registro da sua marca. No entanto, para garantir uma proteção efetiva e evitar possíveis erros ou equívocos que possam comprometer a marca que você desenvolveu, recomendo fortemente a busca por um escritório especializado em proteção de marcas. Esses profissionais têm a expertise necessária para assegurar que o processo seja conduzido sem erros, maximizando suas chances de sucesso no registro.

Criar uma marca forte e ser o primeiro no mercado pode ser uma vantagem estratégica. Mesmo que outros tentem copiar, as pessoas lembrarão da primeira marca que inovou: a marca fica tatuada na memória do coletivo.

Certa vez, em parceria com um médico reumatologista, desenvolvi um produto para a higiene ocular de cães. Percebemos que uma patente seria frágil e provavelmente acabaria indeferida. Então decidimos focar apenas na proteção da marca. Realizamos um pequeno estudo científico em uma universidade, publicamos os resultados e associamos o nome da marca ao produto testado. Essa estratégia fortaleceu a marca do produto, pois era a única associada a um estudo científico. Mesmo sem uma patente, conseguimos construir uma marca robusta. Essa é outra estratégia bastante interessante que se torna um conselho valioso.

Ao buscar a proteção para o seu produto, é fundamental compreender os requisitos específicos de cada forma de proteção. No caso do desenho industrial, por exemplo, o foco está no design, mas é indispensável garantir que não existam precedentes conflitantes. O INPI, responsável por analisar todas essas formas de proteção, examinará se o design é realmente inovador. Se houver alguma indicação de conflito, o INPI entrará em contato com o criador do produto.

Esse contato não é necessariamente uma sentença definitiva de aprovação ou rejeição. Em vez disso, é um diálogo entre o criador e o INPI. Durante o processo, o órgão pode levantar preocupações, questionar aspectos específicos e oferecer a oportunidade para o criador defender seu produto. Esse diálogo é essencial, pois permite ao criador explicar a novidade e inovação presentes na ideia, justificando o pedido de proteção. Em alguns casos, pode ser necessário modificações para resolver possíveis conflitos, mas o objetivo é chegar a um entendimento que favoreça a proteção do produto.

RESPEITAR O TEMPO DO PROCESSO › SEGUIR O MÉTODO PARA TER RESULTADOS MAIS ASSERTIVOS › PROTOTIPAR, TESTAR E VALIDAR ANTES DE PATENTEAR › DECIDIR SOBRE O TIPO DE REGISTRO ADEQUADO › CONSULTAR ESCRITÓRIOS ESPECIALIZADOS

Onde proteger e patentear?

Ao longo do desenvolvimento do produto, todas as fases têm igual importância. Mas proteger o produto significa respeitar o ditado popular de "não morrer na praia".

Proteger o produto significa criar uma barreira de entrada para evitar cópias rápidas e garantir que empresas estejam dispostas a pagar royalties pela propriedade intelectual desenvolvida, proporcionando benefícios tanto para o criador quanto para a empresa.

Após ter o produto desenvolvido, é aconselhável buscar um escritório de patentes. Recomendo pesquisar escritórios em sua cidade, especialmente aqueles que oferecem serviços abrangentes, incluindo proteção de marca, desenho industrial e patente. Também é bastante útil coletar depoimentos de pessoas satisfeitas com os serviços desses escritórios.

Uma dica valiosa é considerar o Sebraetec, um recurso que pode ser solicitado por startups ou pequenas empresas. O Sebraetec oferece assistência às empresas, cobrindo 80% dos custos para a realização da patente, enquanto o empreendedor arca com os 20% restantes. Por exemplo, se uma patente custa 10 mil reais, você pagaria apenas 2 mil, pois o Sebraetec cobriria os 8 mil restantes, além de lhe proporcionar uma equipe qualificada para realizar o processo. Essa pode ser uma alternativa financeiramente acessível e eficaz.

Independentemente da opção escolhida, aconselho conversar com um especialista, seja um advogado, um perito ou um profissional de propriedade intelectual. Eles poderão orientar sobre a melhor forma de proteção para o caso específico, indicando se é mais adequado optar por desenho industrial, marca ou patente.

Novamente ressalto que é primordial entender que a qualidade da proteção depende muito de sua colaboração. O especialista fornecerá orientações, corrigirá e formatará, mas o conteúdo e os detalhes específicos do pedido são de sua responsabilidade. Por isso, estar bem assessorado por profissionais experientes, que tiveram êxito em proteções anteriores, é fundamental. Não hesite em conversar com diferentes escritórios, analisar casos anteriores e estabelecer uma relação de confiança com profissionais que estejam genuinamente comprometidos com o sucesso da sua proteção.

A boa análise e a pesquisa cuidadosa são passos determinantes para garantir a escolha da opção mais adequada e confiável para a proteção da propriedade intelectual.

E como navegar no mar regulatório?

Navegar pelo universo regulatório da Anvisa pode ser bastante complexo. Compreender as normas e procedimentos para certos produtos específicos exige tempo e dedicação, especialmente para se descobrir o "caminho das pedras", ou seja, os detalhes que facilitam a jornada regulatória. Mas calma, vou lhe apresentar um GPS sobre o que fazer nessa etapa.

Agora que entendemos os conceitos de protótipos e camadas de proteção, avançaremos para uma fase delicada: *a regulamentação*. Após validar o produto, surge uma dúvida que é capaz de tirar o sono de muitos inventores: como enfrentar o desafio regulatório?

Desde a concepção da ideia, é crucial considerar os aspectos regulatórios, mesmo antes de iniciar a prototipação. Recomendo que, durante a fase de pesquisa preliminar e análise de mercado, você investigue a classificação de risco da Anvisa para o produto que deseja desenvolver. Uma maneira simples de fazer isso é pesquisar no Google o nome de um produto similar ou sua categoria genérica, incluindo os termos "classificação de risco Anvisa". Por exemplo, ao desenvolver uma bolsa térmica, realizei essa busca e descobri que ela se enquadra na categoria de risco I. As diferentes classificações de risco serão discutidas mais detalhadamente adiante neste capítulo.

Uma outra pesquisa mais aprofundada pode envolver a leitura das Resoluções da Diretoria Colegiada (RDCs), que são normas estabelecidas pela Anvisa para regular produtos e serviços relacionados à saúde pública, como alimentos, medicamentos e cosméticos. Elas visam garantir a segurança, eficácia e qualidade desses itens, abrangendo desde o registro até a comercialização. As RDCs são criadas com base em evidências técnicas e passam por consultas públicas antes de serem implementadas.

Especialmente no campo da saúde, as regulamentações podem ser tanto um guia quanto uma barreira para o progresso. Ao lidar com a vida e o bem-estar das pessoas, as exigências regulatórias são necessárias, embora também possam ser complicadas. Em alguns casos, podem até inviabilizar um projeto solo. A complexidade dos testes e etapas pode requerer anos de esforço e uma quantia substancial de recursos. Porém, esse não é o caminho do Produto Assertivo.

> **O objetivo do Produto Assertivo é encontrar oportunidades onde uma dor específica ainda não foi aliviada ou em um nicho de mercado que clama por uma solução urgente.**

O ajuste, aprimoramento ou melhoria de algo já existente é uma estratégia-chave aqui. Nesses casos, o caminho regulatório é mais descomplicado, permitindo que o produto entre no mercado rapidamente. Todavia, se o produto envolve regulamentações mais complexas, como novos medicamentos ou drogas, esse não é o terreno para o Produto Assertivo.

Se o produto é um software, as barreiras regulatórias são mínimas. Entretanto, para produtos de saúde mais complexos, ao entrar em contato com fabricantes para produzir um lote piloto ou o MVP, é recomendado discutir as questões regulatórias desde o início. Muitas empresas possuem especialistas internos familiarizados com as regulamentações do segmento, prontos para orientar novos empreendedores. Em alguns casos, a empresa pode ficar tão entusiasmada com sua ideia que oferece parcerias ou até mesmo faz o registro regulatório para você — na Anvisa, Mapa, Inmetro etc.

A Anvisa classifica os produtos, especialmente os de saúde, em categorias baseadas no potencial risco que representam para a saúde dos consumidores. Essa classificação é essencial para determinar o nível de controle e as exigências regulatórias necessárias para cada produto.

1. *Produtos de baixo risco (classe I):* itens com risco mínimo à saúde, como curativos simples e materiais de uso geral em consultórios. Esses produtos passam por um processo de notificação mais simplificado.

2. *Risco moderado (classe II):* produtos com risco moderado, como seringas e alguns tipos de equipamentos médicos. Esses requerem registro e uma avaliação mais detalhada da Anvisa.

3. *Risco elevado (classe III):* produtos com risco maior, como stents e implantes. Estes passam por uma rigorosa avaliação de segurança e eficácia antes de serem aprovados.

4. *Risco máximo (classe IV):* produtos de alto risco, como próteses cardíacas e equipamentos para suporte vital. Estão sujeitos a um controle regulatório ainda mais estrito.

Cada classe de risco exige um conjunto específico de documentos e testes para o registro e a comercialização dos produtos. Essa classificação ajuda a garantir que os produtos de saúde sejam seguros e eficazes para o uso pretendido.

A metodologia de desenvolvimento de produtos assertivos é aplicável a todas as classes de risco definidas pela Anvisa. No entanto, recomendamos que inicialmente você se concentre em produtos de classe I ou, no máximo, classe II. Isso porque a notificação é feita de forma rápida e sem tantos custos. Para determinar a classe do produto que você planeja desenvolver, uma dica prática é pesquisar produtos similares na internet e verificar a classificação deles.

Agora vem a ótima notícia: a responsabilidade pelo registro do produto na Anvisa não recairá sobre você, mas sim sobre a empresa para a qual você licenciará o produto. Geralmente essas empresas ou fabricantes já possuem equipes especializadas no registro de produtos em seus respectivos segmentos.

Você pode perguntar: "Karlos, por que não direcionar esforços para produtos de risco III e IV, já que a empresa licenciada cuidará do aspecto regulatório?". A resposta é que os custos associados aos testes e ao processo regulatório para essas classes são bem mais altos, muitas vezes ultrapassando alguns milhões de reais. Por isso, torna-se mais desafiador despertar o interesse de empresas para o licenciamento de classes III e IV.

O EMPREENDEDOR

O Carmed nasceu como um simples protetor labial, mas se transformou em um fenômeno cultural. O impacto de sua presença no cotidiano das pessoas foi avassalador, um verdadeiro divisor de águas no universo dos cuidados labiais. Nesse momento, a inovação ganhou novos contornos, mesclando o tradicional cuidado com os lábios à explosão de sabores das famosas balas Fini.

À medida que as prateleiras das farmácias eram invadidas por esse pequeno tubo de sofisticação, a história por trás do Carmed se desdobrava, revelando uma parceria ("collab") inusitada entre a Cimed e a renomada fabricante de doces.

A exclusividade, aliada à ousadia dos sabores adocicados, fez com que o produto se tornasse o queridinho dos consumidores em tempo recorde. O público não apenas queria proteger os lábios, mas desejava uma experiência sensorial única, um toque de doçura na rotina diária de cuidados pessoais.

O sucesso, entretanto, transcendeu todas as expectativas. O lote planejado para um ano desa-

> pareceu das prateleiras em meros trinta dias, deixando um rastro de consumidores ávidos por mais. A escassez do produto em alguns locais apenas intensificou o desejo pelo Carmed.
>
> A Cimed, uma das maiores empresas farmacêuticas do Brasil, viu-se inesperadamente sobrecarregada pela demanda. A simplicidade, sofisticação e acessibilidade prometidas pelo Carmed encontraram o sucesso, estabelecendo-o como um exemplo incontestável de "Product Market Fit".

GENTE ASSERTIVA

Me chamo Luiz Felício de Oliveira Neto, sou médico oftalmologista e há quinze anos me dedico à cirurgia de estrabismo. Minha trajetória se entrelaçou com a do dr. Karlos durante meu tempo como preceptor no Hospital Leiria de Andrade, onde ele foi meu residente.

No ambiente hospitalar, além de atuar como preceptor, eu mantinha um ambulatório voltado para o ensino de subespecialidades da oftalmologia, com foco no estrabismo. Foi então que o dr. Karlos, como meu residente, passou pelo ambulatório, marcando o início de nossa relação profissional.

Quanto aos produtos desenvolvidos por ele, confesso que já utilizava o xampu Blefos®, embora na época não estivesse ciente de que ele havia contribuído para o produto. Nossa colaboração mais estreita surgiu mais tarde, quando nos aproximamos por meio de uma patente que eu havia concebido para um instrumento cirúrgico, um gancho especializado. O dr. Karlos percebeu o potencial comercial do meu projeto e prontamente se envolveu no processo de patenteamento e licenciamento.

A transição de um produto concebido para solucionar minhas próprias dificuldades para algo comercial foi uma reviravolta interessante. O gancho de cirurgia, desenvolvido para superar a falta de um auxiliar, ganhou uma perspectiva comercial sob a orientação do dr. Karlos, que acreditou no meu trabalho e contribuiu consideravelmente para o processo de licenciamento.

Essa mudança de propósito não apenas representou uma nova dimensão para o projeto, mas também despertou em mim a satisfação de ver o potencial do meu trabalho sendo reconhecido.

No que diz respeito ao cenário de desenvolvimento de produtos no nordeste brasileiro, compartilho com o dr. Karlos a percepção das dificuldades enfrentadas. Existe uma resistência palpável a produtos originados na região, um preconceito que persiste, mas que estamos determinados a superar. "Gancho de Felício" é o nome que atribuí ao meu produto, e, embora ainda esteja em processo de aceitação, mantenho uma esperança otimista quanto ao seu futuro.

O desafio persiste, mas ver meu produto sendo licenciado e reconhecido é uma conquista que valorizo profundamente.

CAPÍTULO 7

FASE V | COMERCIALIZAÇÃO E ROYALTIES

*"Empreendedorismo não
é ciência nem arte. É prática."*
Peter Drucker

Na jornada empreendedora, alcançar a fase cinco é uma conquista digna de celebração. É na última fase, a *comercialização* do Produto Assertivo e os *royalties*, que o produto se prepara para deixar sua marca no mercado.

A comercialização, nesse estágio, torna-se o epicentro das ações. Se você atingiu esse ponto, parabéns! Seu produto, além de resolver um problema, ostenta uma vantagem competitiva e está devidamente protegido. É o momento de dar um passo decisivo em direção à interação com empresas para a comercialização e licenciamento. Afinal, seu produto, agora resguardado, está pronto para ser revelado ao mundo.

Neste capítulo, desvendaremos o caminho para encontrar empresas ávidas por inovações como a sua. Milhares delas estão à procura, e é hora de aprender como identificá-las e, mais ainda, como licenciar seu produto para esses potenciais parceiros. Vou guiá-lo nessa aventura encantadora e lucrativa, do primeiro contato aos detalhes finais da transferência tecnológica e recebimento dos royalties.

Cultura *open innovation* e a *hit list*

Nesse contexto da comercialização, surge a cultura *open innovation* (inovação aberta) — termo criado em 2003 por Henry Chesbrough, professor e diretor-executivo do centro de inovação aberta da Universidade de Berkeley, para as organizações que se dedicam e promovem ideias, pensamentos inovadores, processos e pesquisas abertas. Inúmeras empresas no Brasil adotam esse paradigma, ansiosas por descobrir produtos como o seu.

Tempos atrás, as empresas apostavam pesadamente em pesquisa e desenvolvimento, construindo laboratórios monumentais e investindo vultuosas somas de dinheiro. Entretanto, com o surgimento da cultura *open innovation*, perceberam que inovações significativas muitas vezes brotam fora de suas estruturas. A facilidade de adquirir soluções já concretizadas se tornou irresistível, impulsionando a busca por outros produtos.

O primeiro passo prático para a comercialização do Produto Assertivo é a criação de uma "hit list", uma lista criteriosa das trinta principais empresas relacionadas ao seu produto.

Se você desenvolveu um produto para cirurgia geral, busque as líderes nesse segmento. Se é um produto para nutrição, procure aquelas especializadas em suplementos e vitaminas. A mesma lógica se aplica a produtos voltados para a odontologia, educação física, fisioterapia e assim por diante.

Para compilar essa lista, a *pesquisa na internet* e a *busca por produtos semelhantes* em lojas físicas são estratégias valiosas. As lojas fornecem uma rica fonte de informações, apresentando quem fabrica ou distribui produtos correlatos. Ao identificar essas empresas, você já terá em mãos os contatos necessários.

É recomendável desenvolver a lista de potenciais empresas interessadas no produto que você desenvolveu (*hit list*) de forma gradual. O processo pode começar com a criação de um arquivo de texto na fase de ideação, que será atualizado à medida que novas oportunidades aparecerem e que o produto for criando forma. É aconselhável que, em cada etapa das cinco fases, você mantenha um registro detalhado em um arquivo. Esse arquivo deve conter uma compilação de suas atividades, incluindo: informações sobre o mercado-alvo do produto, a lista de produtos concorrentes, fotografias do protótipo, testes realizados, entre outros aspectos relevantes.

Criação do resumo executivo do Produto Assertivo

Com a *hit list* meticulosamente elaborada, o próximo passo do empreendedor é a criação do *resumo executivo* do produto de saúde desenvolvido, uma espécie de *papel de vendas*. Uma estrutura adotada por Stephen Key, um inventor premiado, renomado estrategista de propriedade intelectual, empresário com mais de vinte patentes em seu nome. A elaboração desse documento assume um lugar muito importante no processo de comercialização, pois ele é a ferramenta que venderá seu produto às empresas que você almeja conquistar.

O resumo executivo é mais do que uma simples apresentação; é um ato de marketing direcionado, uma oportunidade de cativar a atenção da empresa-alvo em apenas seis segundos.

Para alcançar esse feito, é essencial que sua mensagem seja específica, concisa e focada no benefício principal do seu produto. O coração do resumo executivo é a *frase do benefício principal*. Ela deve ser uma declaração impactante — de no máximo oito palavras a serem lidas —, que gere curiosidade instantânea e desperte o interesse da empresa. Evite clichês como "superinovador" e "disruptivo"; seja direto sobre os benefícios oferecidos.

A frase do benefício principal do produto é uma isca para provocar as grandes empresas a descobrir mais sobre o que você tem a oferecer.

A arte do resumo executivo está em não revelar completamente o produto. Se você der muitas informações, a empresa pode pensar que já entendeu o suficiente e não se sentirá motivada a explorar mais e aprofundar as negociações. Para conseguirmos esse objetivo, precisamos elaborar o resumo executivo de forma assertiva.

Agora que compreendemos a importância do resumo executivo como papel de vendas, mergulhemos mais fundo nesse processo fundamental para conquistar o interesse das empresas-alvo. Como o próprio nome sugere, o papel de vendas é a ferramenta-chave para conduzir a venda: uma apresentação meticulosamente elaborada para despertar o interesse das empresas na sua inovação.

Sigamos o caminho para a elaboração do resumo executivo do seu Produto Assertivo:

- Para começar, reúna aproximadamente vinte características e benefícios do seu produto. A distinção entre características (atributos físicos) e benefícios (experiências proporcionadas) é essencial. Elas serão as *palavras-chave*, e essa lista será a base para criar a frase do benefício principal. Para ilustrar, posso exemplificar com o gancho para cirurgia de estrabismo do meu amigo dr. Luiz Felício, que mencionamos no capítulo anterior. Esse gancho destaca o benefício principal em sete palavras: "Sutura muscular com precisão e sem auxiliar". Note que o nome do produto não é mencionado, criando um senso de mistério e incentivando a busca por mais informações.

- Em seguida, organize-as por ordem de importância, destacando apenas os três benefícios principais, e formule uma frase de impacto. Os benefícios serão a espinha dorsal da sua frase de venda, também conhecida como *frase isca*, *frase do benefício principal* ou *frase de impacto*. Ela será o trampolim para a sua entrada na empresa, e precisa ser objetiva, concisa e, acima de tudo, instigante — gerando interesse em apenas alguns segundos. Uma técnica valiosa é criar várias frases com o principal benefício, testando diferentes abordagens. Atualmente, utilizo algumas ferramentas de inteligência artificial, como o ChatGPT, para sugestões de frases, realizando uma curadoria para selecionar a mais eficaz.

- A apresentação deve incluir também imagens do protótipo e do produto em funcionamento, proporcionando um *conceito visual* do que está em jogo. Outro elemento crucial para o resumo executivo é a inclusão de mais três frases que destaquem diferenciais e benefícios adicionais do produto. No fechamento, é fundamental indicar que a patente está requerida e disponível para licenciamento, ou, no caso de desenho industrial, especificar a proteção obtida. Além disso, forneça seus contatos para as empresas interessadas e inclua um link para um vídeo informativo demonstrando o protótipo em uso.

- O design do papel de vendas também é muito importante, ele é a representação visual do seu produto. Investir em design pode ser um grande diferencial, conferindo ao seu material uma estética profissional e atrativa. Contar com um bom profissional do design gráfico para criar uma primeira impressão impactante do seu produto é na verdade um dos poucos investimentos que realmente valem a pena.
- O resumo executivo final deve ser um documento físico de apenas uma folha, com as características do produto de interesse, foto, link do vídeo e seu contato.

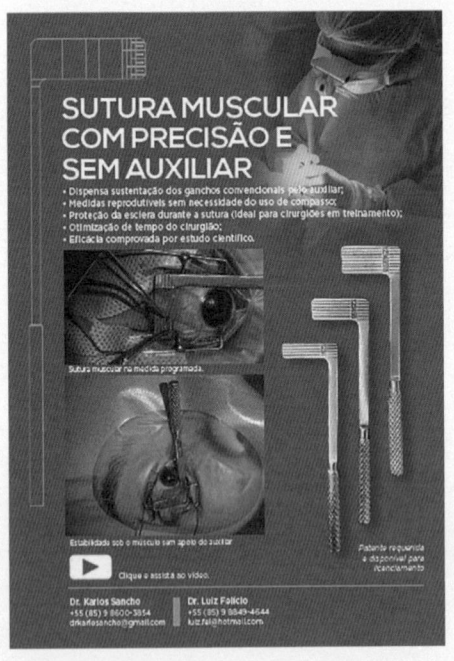

Resumo executivo do gancho de Felício.
Imagem desenvolvida pelo autor.

Além do resumo executivo, considere criar um *vídeo de demonstração*, com duração máxima de um minuto. Esse vídeo, gravado até mesmo com um smartphone, pode ser uma adição poderosa ao seu arsenal de apresentação. É a oportunidade de proporcionar uma visão mais dinâmica do seu produto, reforçando as informações do papel de vendas e demonstrando o problema e a solução em ação.

Ao incorporar o vídeo no seu papel de vendas e disponibilizar o link para acesso, você oferece à empresa uma experiência mais completa e envolvente. Lembre-se de que, no vídeo, a ênfase está na funcionalidade do protótipo, e não na perfeição estética. O objetivo é mostrar que o produto resolve um problema de maneira eficaz. Embora o resumo executivo e o vídeo demonstrativo não garantam o contrato de licenciamento, são ferramentas vitais para abrir as portas das negociações.

Essas peças-chave permitem que você se sente à mesa com representantes da empresa, compartilhando, além do produto em si, as vantagens competitivas e os benefícios que ele oferece. É nesse momento que você transmite a mensagem de que a empresa não pode ficar sem a sua inovação, enfatizando como ela pode lucrar significativamente com o seu produto.

Com o papel de vendas em mãos, a próxima etapa nessa jornada é a *abordagem direta às empresas* selecionadas da *hit list*. Ao entrar na fase de negociações, prepare-se para apresentar sua proposta de maneira irresistível. Agora vamos aprofundar a reflexão parafraseando o filósofo: "Licenciar ou não licenciar, eis a questão".

Licenciar ou não licenciar o seu Produto Assertivo

A opção de *licenciar* permanece como uma estratégia de menor risco, poupando-o dos desafios associados à fabricação e distribuição. Na licença, o licenciador cede os direitos de uso de sua propriedade para o licenciado, dando-lhe o direito de produzir e comercializar produtos com a imagem ou o nome da propriedade licenciada, isso mediante o pagamento de royalties.

A vantagem de licenciar é evidente quando consideramos o espaço de prateleira que as empresas da *hit list* já ocupam. Espaço este que é uma preciosidade difícil de conquistar começando do zero.

Lembre-se sempre: para a empresa, o fator decisivo é o lucro que seu produto pode gerar. Independentemente da grandeza da ideia, ela só se torna valiosa quando traduzida em ganhos tangíveis para a empresa.

> **Ao licenciar o seu produto, o inventor entrega sua ideia protegida, tornando-se um arquiteto da comercialização, transferindo tecnologia de forma estratégica.**

Dentro da abordagem do Produto Assertivo, que permeia este guia, surge uma decisão crucial: licenciar para que outras pessoas comercializem ou assumir pessoalmente a dianteira nessa etapa de vendas?

A resposta é simples e direta: *licenciar*.

O licenciamento oferece uma via que ameniza diversos riscos, eliminando a necessidade de o inventor tirar dinheiro do próprio bolso para realizar grandes investimentos a fim de realizar a fabricação e distribuição do produto.

Essa empresa assume a responsabilidade de vender o produto, enquanto você recebe uma porcentagem das vendas como royalties. Tudo é cuidado pela empresa parceira, permitindo que você se concentre na inovação e no desenvolvimento contínuo do seu produto licenciado ou de futuros novos produtos.

Dentro da proposta de desenvolver o produto em apenas seis meses e colocá-lo no mercado, o licenciamento se torna uma escolha estratégica. Ele possibilita uma entrada ágil no mercado, aproveitando a estrutura existente da empresa licenciada.

O licenciamento bem-sucedido é aquele que permite à inovação alcançar seu potencial máximo no mercado!

É nessa etapa da Metodologia do Produto Assertivo que boa parte dos inventores encontra a sua maior dificuldade. Muitos enfrentam desafios significativos ao tentar *fazer contato com empresas*, *negociar contratos*, *comercializar seus produtos* e, principalmente, ao tentar *entender o processo de licenciamento*. Por vezes, mesmo após criar um protótipo e obter uma patente, essas ideias inovadoras permanecem sem chegar ao mercado e acabam no vale da morte.

O contato com a empresa e a *hit list*

Agora, é hora de nos aprofundarmos de forma prática no contato com as empresas da sua *hit list*. Com seu vídeo e papel de vendas prontos e com a lista de empresas selecionadas, você utilizará essas informações para *entrar em contato com as empresas* e apresentar a proposta de maneira convincente. Pode ser através de pesquisas na internet, enviando e-mails para os setores de novos negócios, marketing ou comercial. Ou, se for necessário, utilizando o SAC de empresas físicas para iniciar o diálogo.

Uma estratégia poderosa é aproveitar o LinkedIn, a maior ferramenta de contato e comercialização do mundo. Se necessário, considerar até a assinatura premium para enviar informações diretamente às pessoas mais influentes das empresas que estão na sua *hit list*. O objetivo é estabelecer contato de maneira eficiente, usando e-mail, telefone ou a própria plataforma LinkedIn.

Com base em nossa experiência pessoal e nos conhecimentos adquiridos de outros grupos especializados em licenciamento de produtos, observamos que empresas de médio e pequeno porte presentes na *hit list* tendem a ser mais receptivas ao licenciamento e mais dispostas a concordar com o pagamento de royalties. Por outro lado, as grandes corporações frequentemente tornam o processo de licenciamento mais complexo e demorado ou não demonstram interesse.

O resumo executivo é a chave mestra no processo de licenciamento, pois demonstra a seriedade do inventor e abre portas para conversas mais profundas e oportunidades de licenciamento.

Após iniciar as negociações com as empresas interessadas, partimos para o ponto culminante desse processo: o *contrato de licenciamento*, um acordo formal no qual o detentor dos direitos (licenciante) concede permissão a um terceiro (licenciado) para explorar esses direitos sob condições previamente estabelecidas.

Ao estabelecer contato com uma empresa interessada, é preciso discutir a elaboração do contrato. Caso a empresa já possua um contrato semelhante, consulte-o e busque orientação legal. É mais eficaz solicitar que a própria empresa elabore esse contrato inicial. Isso contribuirá para um maior envolvimento dela no processo e potencializará as chances de sucesso.

Escolha um escritório de advocacia de confiança, especializado em transferência tecnológica e licenciamento, para conduzir as negociações e a elaboração do contrato final com você. A experiência deles nessa área é fundamental para o sucesso do licenciamento.

A negociação dos royalties é um aspecto vital. Geralmente variam de 3% a 15% do valor do produto, tudo dependerá da natureza e valor agregado do item. Para produtos de alto valor, com baixas vendas, é possível negociar uma porcentagem mais elevada, adaptando o acordo para se alinhar ao potencial de lucro do produto.

Após superar as complexidades do licenciamento com negociações bem-sucedidas e acordos lucrativos, o inventor poderá transformar seu produto em uma fonte contínua de receitas.

Agora que entendemos os passos necessários para ingressar no mundo do licenciamento, devemos explorar de forma mais consistente um termo fundamental nesse contexto: royalties. O que ele significa de fato?

Royalties e a arte da negociação

Royalties representam uma remuneração que você recebe pelo desenvolvimento de uma propriedade intelectual. Imagine que você tenha protegido uma marca como a icônica Nike. Atualmente, a gigante dos esportes licencia essa marca a outras empresas para fabricação; em contrapartida, elas pagam royalties à Nike. Nesse caso, a empresa cede os direitos sobre a marca e, em retorno, recebe uma compensação pelo uso dela. Isso destaca a força da marca que ela construiu ao longo dos anos.

Da mesma forma, ao desenvolver um produto e registrar uma patente para um item que foi prototipado e testado, você cria uma propriedade intelectual exclusiva. Essa propriedade intelectual é única e não pode ser comercializada por terceiros sem a sua permissão. Ao protegê-la legalmente por meio da patente, você obtém direitos exclusivos sobre ela. Assim, os royalties servem como uma compensação pelo direito concedido a uma empresa de usar e comercializar sua propriedade intelectual protegida. A vantagem para a empresa é evidente: ela não precisa investir em pesquisa e desenvolvimento, pois o produto já está pronto. Ao adquirir os direitos, a empresa obtém uma solução que provavelmente lhe confere uma vantagem competitiva no mercado, atraindo mais clientes e gerando mais receita. Uma parcela dessa receita é direcionada de volta ao empreendedor — esse é o conceito central dos royalties, um pagamento pela inovação proporcionada pelo seu produto.

Suponhamos que a empresa venda seu produto por cem reais. Dependendo do contrato de royalties acordado, você, como licenciante, receberá uma porcentagem de cada unidade do produto vendido. Se, por exemplo, seus royalties são fixados em 10%, você receberá dez reais por cada unidade vendida. Esse é o mecanismo pelo qual o valor da sua inovação se traduz em compensação financeira constante, criando uma relação mutuamente benéfica entre o inventor e a empresa licenciada.

Vale lembrar que a compreensão desses detalhes é essencial para orientar as negociações e estabelecer acordos de licenciamento bem-sucedidos.

Já a arte da *negociação* desempenha um papel vital na solidificação de contratos de licenciamento. Quando você está sentado à mesa, prestes a negociar os detalhes do seu contrato, há algumas estratégias que podem definir o rumo do acordo.

A empresa manifestará o interesse em seu produto, mas é aqui que a verdadeira habilidade de fazer negócios entra em cena. São detalhes fundamentais:

- Local de comercialização do produto. A empresa pretende atuar regionalmente, nacionalmente ou globalmente? Os valores podem variar bastante com base nessa decisão.
- Valores diferenciados no contrato, incluindo adiantamentos, delineando um acordo personalizado que atenda tanto ao inventor quanto à empresa licenciada.
- A inclusão de uma cláusula de garantias mínimas ou de performance. Para evitar cenários indesejados, como a empresa licenciada atrasar ou negligenciar a comercialização do produto, essa cláusula se torna primordial. Ao indagar sobre as expectativas de venda nos primeiros anos, é possível incluir garantias específicas no contrato. Por exemplo, se a empresa projeta vender 50 mil unidades no primeiro ano, a cláusula pode garantir um valor mínimo ao inventor, independentemente do desempenho real. Isso incentiva a empresa a agir rápido na comercialização, pois não cumprir essas metas acarreta custos financeiros ou cancelamento do contrato.

A negociação eficaz é a chave para moldar um contrato de licenciamento que beneficie ambas as partes. Um bom acordo protege o empreendedor e incentiva a empresa licenciada a maximizar o potencial do produto no mercado.

Dominando essas técnicas, você estará preparado para conduzir negociações bem-sucedidas, transformando suas inovações em fontes consistentes de receita.

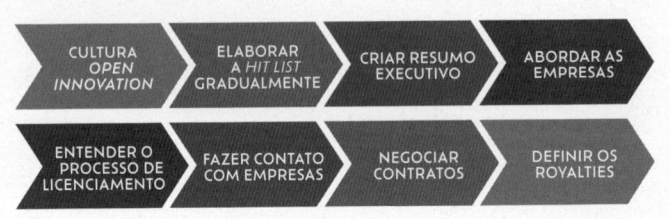

CULTURA OPEN INNOVATION → ELABORAR A *HIT LIST* GRADUALMENTE → CRIAR RESUMO EXECUTIVO → ABORDAR AS EMPRESAS

ENTENDER O PROCESSO DE LICENCIAMENTO → FAZER CONTATO COM EMPRESAS → NEGOCIAR CONTRATOS → DEFINIR OS ROYALTIES

Os dois últimos capítulos abordarão os desafios para alimentar uma visão abrangente de como manter e expandir o sucesso com a criação dos produtos assertivos. Como criar e manter um ciclo de retroalimentação que fará seus ganhos se tornarem recorrentes e previsíveis? Como abrir as portas para viver apenas de inovação? Como fazer e manter relacionamentos para fazerem parte de um círculo virtuoso de empreendedorismo na saúde e em prol da saúde?

O EMPREENDEDOR

Em um cenário onde a tecnologia e a medicina convergem para a otimização da rotina dos profissionais de saúde, surge o Whitebook, um aplicativo que se tornou referência na transformação da prática médica no Brasil. Sua jornada começou em 2012, quando três estudantes visionários de medicina fundaram a PEBMED, uma iniciativa que nasceu da paixão por unir a expertise médica ao potencial da tecnologia.

Inicialmente, esses empreendedores desenvolveram aplicativos independentes, cada um focando áreas específicas da saúde. Contudo, em 2015 decidiram unificar esforços e integrar o que havia de mais eficiente em cada aplicativo. Assim nascia o Whitebook, uma plataforma completa que abrange desde condutas médicas até bulas de medicamentos e calculadoras médicas.

O Whitebook não é apenas um repositório de informações médicas; é uma ferramenta interativa e personalizável, projetada para atender às necessidades variadas dos profissionais de saúde. Seu conteúdo é atualizado constantemente por uma equipe de especialistas, garantindo que os usuários tenham acesso às informações mais recentes e relevantes.

Os resultados desse modelo não demoraram a aparecer. Em 2020, o Whitebook alcançou o impressionante marco de 100 mil assinantes.

O aplicativo fornece informações e promove uma comunidade colaborativa entre profissionais de saúde. Sua criação respondeu às necessidades técnicas e à busca por uma plataforma que agregasse valor ao conhecimento e à prática diária dos médicos.

Ao explorar casos fascinantes como o do Whitebook, aprendemos que a inovação na interseção entre tecnologia e medicina pode facilitar a vida dos profissionais de saúde e elevar o padrão de cuidado médico, proporcionando uma contribuição significativa para a sociedade.

GENTE ASSERTIVA

Meu nome é Leo Felyppe Ferreira Sappi, sou médico oftalmologista e moro em Fortaleza, onde exerço minha profissão.

Ao longo da minha carreira como oftalmologista, passei a utilizar os produtos desenvolvidos pelo dr. Karlos, como o Blefos®. Eu mesmo sofro com blefarite, então esse produto, especificamente, trouxe uma mudança significativa na minha qualidade de vida, eliminando a necessidade constante de colírios e aliviando a ardência nos olhos.

É admirável pensar que um colega cearense desenvolveu produtos tão eficazes. Ter o privilégio de conhecer alguém com essa capacidade de inovar, de melhorar a vida das pessoas, é incrível. Tenho certeza de que o dr. Karlos continuará a criar soluções inovadoras para a área da saúde.

Saber que existe um profissional tão comprometido e talentoso quanto ele trilhando o caminho certo é reconfortante. Ele é verdadeiramente uma pessoa boa e pacífica; logo, tenho plena convicção de que seu caminho será repleto de sucessos futuros.

RETROALIMENTAÇÃO

CAPÍTULO 8
O CÍRCULO VIRTUOSO

> *"Nossa vida é o que nossos pensamentos fazem dela."*
> **Marco Aurélio**

O impossível é uma grande oportunidade inexplorada. Viver da inovação, dos royalties dos produtos lançados; esse é o grande despertar do empreendedor que cria e põe o produto no mercado. Receber uma renda passiva proveniente desses royalties enquanto dorme, passa tempo com sua família ou viaja, é uma realidade palpável no mundo do licenciamento.

Agora, imagine-se como um empreendedor na área da saúde. Após o licenciamento do seu produto, você se lança em um novo estilo de vida, desfrutando de uma renda passiva proveniente dos royalties desse produto. Esse é o caminho para uma qualidade de vida superior. Você vai ganhar dinheiro até mesmo enquanto dorme, graças à renda passiva dos royalties. Portanto, a proposta deste livro é guiá-lo na jornada do desenvolvimento de um Produto Assertivo, proporcionando-lhe uma vida mais plena, sem a necessidade de estar preso a plantões — caso seja um profissional da saúde — ou imerso na agitação diária — se for de outra área profissional.

Licenciar produtos abre as portas para uma renda passiva que não está atrelada ao seu tempo. Embora seja comum falar sobre aumentar o valor da sua hora ou consulta, o licenciamento permite que você transcenda a necessidade de dedicar tempo ao trabalho de forma contínua.

Escrever este livro só é possível porque meus produtos estão sendo bem recebidos no mercado, gerando uma renda substancial! Portanto, o conceito principal que apresento é o seguinte: ao licenciar seus produtos, você abrirá um leque de possibilidades para aproveitar seu tempo de maneiras diversas e significativas. A renda passiva gerada por essa ação é, em essência, um investimento no seu tempo, proporcionando-lhe maior liberdade e flexibilidade. Porém, é importante abordar essa jornada com cautela e reflexão, considerando cuidadosamente cada passo dado nesse caminho. Você pode estar considerando, neste ponto da leitura, a seguinte ideia: "Karlos, estou pensando seriamente em deixar meu emprego atual para me dedicar ao empreendedorismo na área da saúde". Minha sincera sugestão é iniciar o processo no seu tempo livre. Não abandone tudo para desenvolver seu primeiro produto. Comece gradualmente e desenvolva seu produto no tempo livre. Considere tudo isso um passatempo. À medida que os primeiros licenciamentos acontecem e o dinheiro flui, essa atividade pode ir evoluindo para uma profissão de tempo integral.

Desenvolver seu produto não requer que você abandone seu trabalho atual; de fato, desencorajo essa abordagem. Recomendo um início gradual e, quando estiver confortável com a receita proveniente dos royalties, a transição para dedicar-se integralmente à sua paixão torna-se uma escolha viável. Não coloque todos os seus recursos no projeto inicial, pois é fundamental ter planos alternativos. É prudente não arriscar todas as suas economias e seu tempo na criação de um produto. A Metodologia do Produto Assertivo busca orientá-lo a realizar esse processo de maneira segura e equilibrada.

O propósito do inventor é ter uma vida rica e próspera, repleta de saúde, com bem-estar, proximidade familiar e estabilidade financeira, tudo isso sem um investimento excessivo de tempo e dinheiro. Enquanto muitos discutem sobre investimentos em bolsa de valores, essa abordagem busca proporcionar uma renda passiva desde cedo, permitindo que você desfrute ao máximo de sua vida, com qualquer idade, e, pasmem, gerando uma maior qualidade de vida para os usuários do seu produto. Isso também significa investir em um ciclo de virtudes.

A verdadeira coragem de um empreendedor está em começar um projeto, independentemente da sua fase da vida. Então, inicie seu círculo virtuoso agora!

O círculo virtuoso dos produtos assertivos

Licenciar é, de fato, um jogo de números. É possível que você atinja a independência financeira já no seu primeiro licenciamento, embora isso não seja garantido. O que é certo é que, quanto mais produtos você licenciar, mais imerso estará na vida de um empreendedor da área da saúde.

Viver dos royalties de produtos de saúde é, em sua essência, um jogo de números; quanto mais produtos você desenvolver, mais avança no jogo e mais suas habilidades profissionais se aprimoram e evoluem.

Em alguns casos, o primeiro produto pode não ser licenciado tão rapidamente quanto o esperado. Embora a meta seja tê-lo pronto para licenciamento em seis meses, a realidade é que 40% dos produtos que chegam ao mercado não prosperam; vendem pouco e acabam por não alcançar o sucesso desejado. Por consequência, a pergunta que muitos fazem é a seguinte: "Se não há garantia de sucesso, por que investir tempo e recursos no desenvolvimento de um produto de saúde?". Porque basta acertar uma vez!

Quando acontece, apenas um produto de sucesso é suficiente para cobrir todos os investimentos, proporcionando um conforto expressivo e duradouro à vida de seu criador.

A ideia do Produto Assertivo é que o empreendedor acerte pelo menos uma vez; apenas um produto, o suficiente para alcançar um patamar em que a aposentadoria se torna uma opção viável. Por essa razão, esse é, sem dúvidas, um jogo de números!

O *círculo virtuoso*, conforme escolhi chamar, funciona da seguinte maneira para mim: concluí o primeiro produto, estou negociando licenciamento ou já o licenciei; enquanto isso, estou dando início ao segundo produto. Concluí o segundo e parto para o terceiro. No terceiro, talvez surja a ideia para um quarto, mas a prioridade é concluir integralmente o terceiro antes de começar o próximo.

A intenção de um inventor bem-sucedido deve ser dedicar-se a uma ideia de cada vez, evitando a paralisia criativa que pode ocorrer quando se tenta abraçar demasiados projetos simultaneamente.

Isso garante que você não apenas avance, mas também conclua cada produto, contribuindo para o círculo virtuoso de sua vida como inventor de produtos de saúde.

Ao seguir esse círculo, é possível criar uma rede de produtos trabalhando a seu favor, gerando renda passiva enquanto você desfruta das maravilhas de ser um empreendedor ainda jovem. Basta um produto realmente bem-sucedido para proporcionar conforto financeiro para o resto da vida e ainda proporcionar uma herança para os seus!

O círculo virtuoso é a peça-chave para essa jornada. Ao concluir um projeto, você parte para o próximo enquanto todos eles contribuem para seu sucesso.

Lembre-se: no início, não é necessário abandonar seu trabalho atual, pois é completamente viável conduzir esse processo paralelamente.

À medida que os recursos começam a fluir, a escolha é sua: continuar com seu trabalho atual, dedicar-se integralmente aos seus produtos ou até mesmo considerar a aposentadoria, dependendo do montante de royalties que já estão sendo gerados. A verdadeira aposentadoria de um empreendedor que cria é ter uma renda passiva que cubra suas despesas sem a necessidade de trabalhar ativamente.

É importante ressaltar que o cerne do processo do Produto Assertivo reside na compreensão e vivência do círculo virtuoso, um jogo de números que, mesmo com alguns produtos que não atingem o sucesso esperado, é resolvido quando um único produto se destaca. Esse é o caminho para a vida de um empreendedor da saúde, guiada pelo entendimento de que, no final, um produto verdadeiramente bem-sucedido faz toda a diferença.

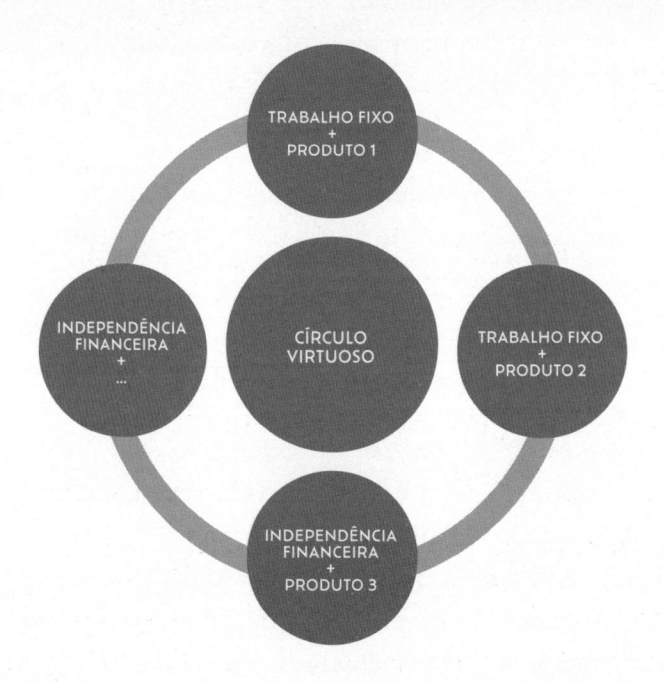

Vamos fazer uma analogia com a carreira de um cantor ou um músico profissional. Às vezes, o artista lança um álbum incrível que alcança enorme sucesso, mas o álbum seguinte não é tão bem recebido pelo público. Há períodos de pausa na produção e é necessário buscar inspiração para compor novas canções. Será que a vida do empreendedor segue a mesma dinâmica? Depende.

A vida do empreendedor é repleta de altos e baixos, e o êxito está ligado aos passos que ele decide seguir. Ao seguir as orientações de quem já alcançou êxito na área, como as apresentadas aqui, maximizamos as chances de sucesso.

O empreendedor, de certa forma, assemelha-se a um artista que, ao acertar uma vez, ao licenciar seu primeiro produto, abre as portas para um conhecimento profundo do processo. Ele já trilhou esse caminho, conquistou esse território e, com essa experiência, enfrenta mais facilmente o desafio de licenciar produtos subsequentes. O alvo é ter vários produtos trabalhando em conjunto, permitindo que o inventor tenha uma vida impulsionada somente pelos royalties, que em geral são distribuídos trimestralmente com base nas vendas. Alguns vão gerar mais renda e outros menos, porém a soma de todos os royalties faz a diferença.

> **Um produto licenciado e protegido globalmente pode alcançar uma audiência potencial de 8 bilhões de pessoas em todo o mundo.**

Se o Produto Assertivo é de fato universal, suas perspectivas são extremamente promissoras, em especial se ele possuir características inovadoras.

Existem casos de inventores que conquistaram fortunas apenas com um produto. Embora a maioria tenha mais de um produto licenciado, é comum que um deles se destaque de maneira significativa. Alguns podem ter dois ou três produtos de qualidade, mas, por vezes, é necessário mais do que isso até atingir o primeiro sucesso notável.

O desafio que a maioria dos empreendedores enfrenta não está apenas na criação, mas na conclusão. Há apenas duas possibilidades: ou você desiste, ou segue em frente e licencia seu produto. É crucial ir até o fim, mesmo quando se depara com dificuldades, pois iniciar um projeto é apenas o começo, chegar ao fim é que é a verdadeira prova de perseverança.

Uma abordagem organizada para manter o círculo virtuoso

Ao desenvolver um produto até o ponto de comercialização, é preciso estabelecer um *ritmo coerente e sustentável*. Como construir uma boa organização e sistematização para iniciar um círculo virtuoso produtivo? Como não misturar o tempo de um trabalho no tempo do outro? Como separar a outra atividade que exerço do empreendedorismo?

Ao trabalhar na área da saúde, percebo uma infinidade de problemas a serem solucionados. Para evitar a perda de foco no produto em desenvolvimento, adoto a seguinte abordagem:

1. *Lista de afazeres*. Mantenho uma lista com diversos produtos a serem desenvolvidos. Ao concluir um projeto, volto à lista e seleciono o próximo com base em suas prioridades e potencial. Essa estratégia é fundamental para manter a concentração.

2. *Colaboração e mentoreamento* é uma prática que tenho adotado e que também recomendo. Ao orientar outros profissionais e trabalhar em conjunto, a coautoria pode ser enriquecedora. Ter um parceiro no desenvolvimento do produto pode ser vantajoso, desde que seja alguém que agregue valor ao projeto. Manter o foco é crucial!

3. *Menos complicação e mais simplificação.* De olho no tempo-custo-benefício. Recentemente, concluí um projeto em um tempo surpreendentemente curto. Desenvolvi uma inovadora compressa térmica para os olhos em apenas um mês. O pré-lançamento ocorreu no segundo mês, e a expectativa é que o produto esteja nas prateleiras no quarto mês. Essa rapidez foi possível graças à união de simplicidade e sofisticação no mesmo produto, uma compressa térmica para os olhos feita com sementes que liberam calor pouco a pouco, ideal para o tratamento de algumas patologias oculares. O processo foi ágil: fiz pesquisas, adquiri os materiais necessários e montei o protótipo em um dia. Testei várias versões até chegar à ideal. Com foco e dedicação, é possível desenvolver produtos, de maneira eficiente e inovadora, que contribuam ativamente para o círculo virtuoso do empreendedor de saúde.

4. *Dedicação exclusiva.* Após atuar como médico por algum tempo, espero me dedicar exclusivamente à carreira de empreendedor na área de saúde. Minha perspectiva é a seguinte: não estou abandonando a medicina; pelo contrário, estou me comprometendo a praticá-la numa escala mais ampla. Decidi interromper as consultas em meu consultório. Atualmente, ocupo o cargo de coordenador de setor de um hospital. Ainda estou ativo pro-

fissionalmente, mas meu comprometimento é limitado a meio expediente.

5. *Reinvestimento.* Tenho uma startup da qual todo o dinheiro que geramos não é retirado; ao contrário, é reinvestido para acelerar ainda mais seu crescimento. Minha startup, agora avaliada em oito dígitos, ascendeu rapidamente ao patamar de laboratório farmacêutico nacional de destaque em menos de três anos desde sua fundação.

A transição do consultório para a inovação foi uma escolha ousada, mas os resultados começam a se refletir na valorização da empresa e nas parcerias estratégicas que estamos construindo, além de, claro, contribuir com soluções na área da saúde para a sociedade.

ORGANIZAÇÃO DO CÍRCULO VIRTUOSO → LISTA DE AFAZERES → COLABORAÇÃO E MENTORAMENTO → MENOS COMPLICAÇÃO E MAIS SIMPLIFICAÇÃO → DEDICAÇÃO EXCLUSIVA → REINVESTIMENTO → INDEPENDÊNCIA FINANCEIRA

Em minha trajetória como empreendedor na área da saúde, percorri ambos os caminhos: o de estabelecer um negócio próprio e o de licenciar produtos. A decisão final cabe a você, mas este livro foi especialmente concebido para aqueles que preferem minimizar riscos e focar exclusivamente o licenciamento de seus produtos desenvolvidos.

E assim chegamos ao tão desejado ponto de chegada da vida do empreendedor: o sonho de viver somente dos produtos que desenvolve e conquistar a *independência financeira*.

Alcançar esse sonho significa desfrutar de uma renda passiva, ao mesmo tempo que se tem a gratificação de criar soluções para problemas que afetam as pessoas, uma forma de amenizar a dor que, em certo momento, também sentimos. Se eu optasse por vender os produtos que desenvolvi e vender minha startup no exato momento que escrevo este livro, já estaria aposentado aos 39 anos. Porém, estou tão imerso nesse estilo de vida que desejo ardentemente compartilhar essa jornada com outros aspirantes a empreendedores.

Em pouco tempo, talvez antes do lançamento deste livro, teremos mais três produtos entrando no mercado. Estou incrivelmente satisfeito com os resultados que tenho hoje, embora admita que a jornada demorou um pouco, principalmente porque desconhecia muitos dos passos essenciais no início do caminho.

A experiência que adquiri ao longo dos anos, com vitórias e desafios, me mostrou a importância de, por meio do conhecimento que advém de uma experiência consolidada, repartir o saber para evitar que outros colegas que adentrem a jornada não passem pela mesma situação de desinformação. Acredito que estou não apenas construindo produtos inovadores, mas também moldando uma realidade em que a independência financeira é tangível e alcançável para aqueles que se dedicam ao ciclo virtuoso do desenvolvimento de produtos para a área da saúde.

Compartilhar esses conhecimentos para ajudar outros a trilharem esse caminho e realizarem seus próprios sonhos como empreendedores é o combustível que impulsiona essa jornada inovadora, que não para, afinal, a proposta é que seja um ciclo de virtudes que envolva criação, altruísmo, soluções, qualidade de vida, saúde e independência financeira.

O EMPREENDEDOR

A EpiPen, revolucionária no âmbito da saúde, é um dispositivo médico que se tornou um divisor de águas no tratamento de reações alérgicas graves, conhecidas como anafilaxias. Desenvolvida para ser um autoinjetor de epinefrina, também chamada de adrenalina, a EpiPen surgiu como resposta à necessidade urgente de uma solução eficaz para reações alérgicas potencialmente fatais.

A criação da EpiPen remonta ao final da década de 1970, quando o engenheiro Sheldon Kaplan desenvolveu um dispositivo que permitia uma administração rápida e precisa de epinefrina durante situações de emergência alérgica. O foco era criar um instrumento intuitivo e acessível, capaz de ser utilizado até por leigos em momentos críticos.

A praticidade da EpiPen reside em sua simplicidade de uso. Projetada para ser ativada com um simples movimento de injeção, cada dispositivo contém uma dose pré-medida de epinefrina. Essa substância, quando administrada rapidamente, tem o poder de contrariar os efeitos graves de uma reação alérgica, proporcionando tempo essencial para que a pessoa afetada busque atendimento médico de emergência.

A trajetória da EpiPen até sua consagração como item essencial nos kits de primeiros socorros para pessoas com alergias graves foi marcada por aprimoramentos tecnológicos e rigorosos testes clínicos. Sua adoção generalizada, tanto por profissionais de saúde quanto por pacientes e seus familiares, destaca a importância dessa inovação na prestação de cuidados médicos.

O êxito da EpiPen transformou a maneira como reagimos às reações alérgicas agudas e inspirou novas perspectivas para o futuro. Enquanto celebramos esses avanços, é imperativo continuar desbravando horizontes inexplorados na inovação da saúde, considerando a possibilidade de novas melhorias e soluções que possam moldar positivamente a resposta a emergências médicas.

A busca contínua por inovação explora os limites do que é possível na prestação de cuidados médicos urgentes e na criação de dispositivos que venham a transformar, ainda mais, a forma como enfrentamos desafios na saúde.

GENTE ASSERTIVA

Me chamo Josafá Rebouças, sou graduado em química industrial e mestre em Propriedade Intelectual e Inovação. Atualmente, faço doutorado na academia do INPI, na área de Propriedade Intelectual e Inovação. Minha tese está focada em inovação inclusiva, especificamente voltada para deficientes visuais. Tive a oportunidade de me conectar com o Karlos, nosso diretor técnico, devido à sua expertise em questões relacionadas à cegueira, enquanto eu trago meu conhecimento como químico. Juntos, desenvolvemos uma tecnologia para trazer cores aos cegos, utilizando sinestesia olfativa, o que permite que pessoas com deficiência visual identifiquem cores através do olfato.

Conheci o Karlos durante a pandemia de covid-19, quando buscava maneiras de contribuir com a sociedade utilizando minha formação em química. Desenvolvi um aplicador de álcool em gel e um totem de álcool em gel, que foram importantes para a higienização das mãos durante esse período. Foi através dessa iniciativa que o Karlos se conectou comigo, compartilhando uma ideia para uma patente e buscando um parceiro para desenvolvê-la. A partir desse encontro, surgiram várias ideias e projetos, alguns dos quais estão em processo de registro e depósito de patentes.

Para os novos empreendedores que desejam entrar na área da saúde, gostaria de compartilhar minha própria jornada. Desde minha infância, sempre sonhei em ser cientista, e, mesmo sem compreender completamente o conceito de propriedade intelectual na época, acabei seguindo esse caminho como químico. O mais importante é entender que a propriedade intelectual não se limita a grandes avanços tecnológicos, ela vai além: é a busca por soluções para problemas reais que impactam a sociedade. Inovação é agir em prol da sociedade, e qualquer ideia que traga uma solução para uma necessidade é digna de ser explorada e protegida como um ativo intelectual.

CAPÍTULO 9

MOVIMENTO ROYALTIES EM SAÚDE

*"Unidos venceremos.
Divididos cairemos."*
Esopo

No início deste capítulo e finalizando esta obra, convido você a adentrar no universo fascinante do Movimento Royalties em Saúde; vamos entender seus processos, resultados e poder de impacto.

Fundei e estou à frente de um movimento dos royalties em saúde no Brasil. Esse movimento é minha resposta à necessidade de construir uma ponte sólida entre empreendedores independentes, cientistas brasileiros e o dinâmico mercado da saúde. Essa ponte não é apenas uma metáfora, mas uma construção real que visa evitar o temido "vale da morte" nos processos de criação do Produto Assertivo. Estou construindo uma plataforma para ser o *hub* do Movimento Royalties em Saúde (www.saudeassertiva.com.br). Esse *hub* será um ponto de convergência onde diversos negócios e empreendimentos relacionados a licenciamento, empresas de saúde, varejistas e desenvolvimento de produtos em saúde se encontram. Tanto aqui como no *hub*, meu objetivo é fornecer ferramentas para ajudar os profissionais da área a atravessarem com sucesso o desafio de lançar produtos no mercado da saúde.

Um *hub* online foi cuidadosamente montado, uma plataforma que reúne elementos cruciais discutidos ao longo de todo este livro. Por quê? Qual a sua função primordial?

Porque a chave para conquistar o sucesso nessa jornada é cultivar relacionamentos sólidos com os diversos atores do setor, desde a indústria farmacêutica até distribuidores de medicamentos. Este livro servirá como uma fonte valiosa de informações, mas também convido você a explorar outras plataformas para aprofundamento e atualizações, como o YouTube e o Instagram: @karlossancho.

Ao longo dos anos, dediquei-me a criar um ecossistema robusto que oferece todas as ferramentas necessárias para alcançar o sucesso na área de licenciamento de produtos de saúde. Essa comunidade não é apenas virtual, uma vez que construí interações reais por meio de grupos no WhatsApp, unindo inventores, cientistas, empreendedores, empresários e entusiastas da saúde em encontros nos quais o conhecimento pode ser compartilhado presencialmente.

A missão do Movimento Royalties em Saúde é a de encurtar a distância entre o empreendedor e a indústria, facilitar o licenciamento de produtos e construir pontes sobre o temido vale da morte.

Os participantes dessa comunidade têm acesso a empresas interessadas em conhecer o produto por eles desenvolvido, com oportunidades de destacar esse produto em uma vitrine tecnológica, pronta para ser explorada por indústrias em busca de inovação por meio da cultura *open innovation*.

A *inovação aberta* (tradução livre de *open innovation*) é uma abordagem empresarial que envolve a busca ativa e incorporação de ideias, tecnologias e conhecimentos externos para impulsionar a inovação. Em vez de depender exclusivamente de recursos internos, as organizações que adotam a inovação aberta buscam colaborações com parceiros externos, como outras empresas, universidades e startups. Esse modelo, popularizado por Henry Chesbrough, promove o acesso a conhecimentos distribuídos, acelerando o processo de inovação, reduzindo custos e aumentando a probabilidade de sucesso na introdução de novas soluções no mercado.

O que buscamos, em última análise, é tornar mais acessíveis conteúdos para os empreendedores na saúde e para as universidades, promovendo ainda palestras, oficinas e workshops, e visando disseminar o potencial dos royalties em saúde. Afinal, alugar sua ideia, invenção ou produto e gerar uma renda passiva na área da saúde é mais do que uma possibilidade, é a visão que compartilhamos e trabalhamos arduamente para concretizar.

Mudar as coisas é fortalecer os laços e construir pontes

A origem desse desejo fervilhante de *fortalecer os laços* entre as pessoas e uni-las na busca por soluções e respostas surge de minha experiência prática, do constante observar das necessidades e da compreensão fundamental de que alcançar o sucesso em produtos de saúde requer três elementos essenciais.

O primeiro elemento é a *persistência*, a paixão intrínseca pelo que se faz. Este livro é, em si, um testemunho dessa persistência, uma expressão do amor pelo campo dos royalties em saúde. E lembre-se: os relacionamentos certos nessa trajetória fortalecem a persistência.

O segundo elemento é o *networking*, a arte de conhecer as pessoas certas dentro dessa complexa arena; ou melhor, de transformar a arena do mercado em uma comunidade vibrante e colaborativa. Sem conexões sólidas, o caminho para o sucesso pode parecer árduo e embaçado.

Por fim, o terceiro elemento é o *conhecimento*, as informações cruciais sobre como trilhar esse caminho. O que destaco com veemência é a importância de transcender o mero conhecimento técnico. Por exemplo, este livro não é apenas um compêndio de informações técnicas; é um convite para que você comece a construir laços e relacionamentos sólidos para aprofundar as trocas de experiências e viabilizar seu Produto Assertivo.

São os relacionamentos que impulsionam novas ideias e abrem portas para grandes realizações.

Estou empenhado em cada vez mais fomentar a criação de grupos, a promoção da troca de experiências e informações, pois acredito que, por meio desses relacionamentos, seja mais fácil conquistar o licenciamento desejado para o seu e o meu produto. Reduzir distâncias é reduzir desafios para garantir o sucesso do Produto Assertivo em um menor espaço de tempo possível.

Portanto, encorajo-o a expandir suas conexões, começando localmente: na sua região, na sua cidade, na sua área. Explore os núcleos de tecnologia das universidades, os parques tecnológicos, busque grupos de empreendedores e inventores, e conecte-se a *hubs* de inovação e startups na área da saúde.

Somos, sem dúvida, interdependentes. Não somos ilhas isoladas, e a chave para o sucesso reside em licenciar para as *pessoas* por trás das empresas. É crucial encontrar as pessoas certas para que a empresa compre a sua ideia. Esse é o verdadeiro cerne que buscamos alcançar. Em conjunto, construiremos pontes que possibilitarão a realização de ideias inovadoras na área da saúde.

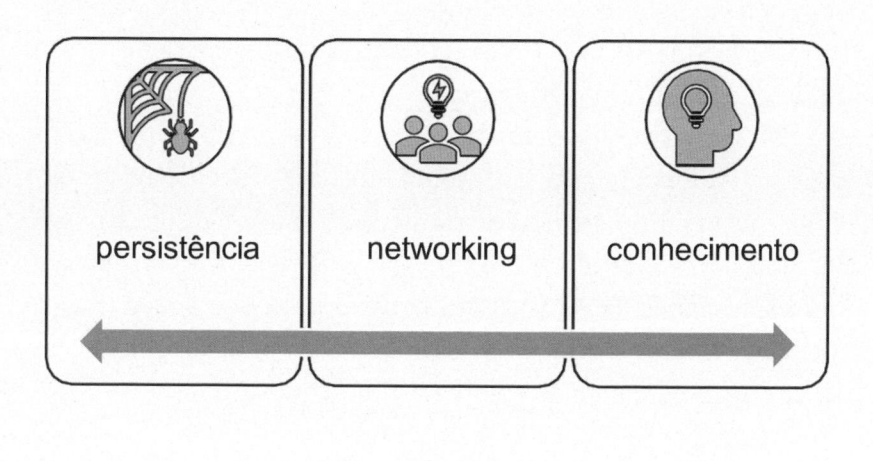

| persistência | networking | conhecimento |

Movimento colaborativo e o Produto Assertivo

Fazer uma reflexão sobre a pandemia de covid-19 que ocorreu em 2020 é fundamental para compreender a relevância desse contexto no *movimento colaborativo* que estamos construindo entre os novos empreendedores. A pandemia nos proporcionou uma visão clara da eficácia do trabalho colaborativo entre pessoas, mesmo quando realizado remotamente, online. Atualmente, mantenho contatos na área de desenvolvimento de produtos com profissionais de diversos países, incluindo Portugal, Espanha, EUA, Peru e Argentina. Essa colaboração remota e em grupo demonstrou que podemos cooperar, e que essa cooperação pode acelerar muito o processo.

A rápida criação e distribuição da vacina contra o vírus foi um exemplo notável desse trabalho conjunto. O recorde estabelecido para disponibilizar a vacina no mercado evidenciou como a colaboração intensiva entre diversas pessoas pode acelerar o desenvolvimento e a entrega de produtos. A pandemia destacou que o esforço conjunto, mesmo com profissionais distantes fisicamente, mas próximos virtualmente, pode otimizar o processo de desenvolvimento de produtos, inclusive no que diz respeito a patentes relacionadas à saúde pública — como ocorreu com na pandemia de covid-19 —, que podem ter trâmite prioritário no INPI para acelerar o processo, algo também aplicado pela Anvisa.

Atualmente, o mecanismo de desenvolvimento, ideação e teste na área da saúde passou por uma otimização, uma resposta à urgência imposta pela pandemia. Portanto, vale destacar mais uma vez que a união faz a força, e que é impossível abarcar todo o conhecimento necessário sozinho. A colaboração se torna essencial, seja ao buscar um designer para fortalecer o papel de vendas, seja ao contratar um engenheiro para aprimorar a funcionalidade de um dispositivo. A ideia central é alcançar a assertividade no desenvolvimento utilizando recursos mínimos. Isso pode incluir empréstimos ou a exploração de oportunidades como o Sebraetec, fundos de subvenção e investimento-anjo.

A agilidade no desenvolvimento do Produto Assertivo é essencial; portanto, o movimento colaborativo é indispensável ao longo do processo.

Por tudo isso que foi dito até aqui, vou guiá-lo em um *passo a passo para se conectar* com outros empreendedores da saúde.

1. Conecte-se com os empreendedores de saúde nas *redes sociais*. Estamos comprometidos em fornecer informações atualizadas e compartilhar histórias de sucesso. YouTube e Instagram: @karlossancho.

2. Busque *locais especializados* na área da saúde em sua região, explore as universidades e seus parques tecnológicos dedicados à saúde. Não deixe de investigar os *hubs* de startups mais próximos.

3. Participe ativamente no LinkedIn, seguindo profissionais influentes e engajados nesse campo.

4. Acesse nosso grupo exclusivo de royalties em saúde no WhatsApp através do QR Code, onde você encontrará uma comunidade que compartilha o interesse em desenvolver produtos na área de saúde, proporcionando oportunidades de networking e aprendizado. Nesse grupo, você terá acesso a orientações valiosas da Anvisa, designers, especialistas em propriedade intelectual, profissionais de editais de subvenção, representantes do Sebrae e *hubs* de inovação.

5. No site que estamos construindo, www.saudeassertiva.com.br, além de encontrar cursos específicos e mais informações relevantes, você terá a chance de ofertar o produto que está desenvolvendo e interagir com empresas que podem impulsionar seus projetos.

Este é o caminho para entrar nesse mundo, mergulhar de cabeça e iniciar a construção dos seus relacionamentos. Tenha em mente que construir conexões sólidas leva tempo, mas estas são as portas nas quais você deve bater. A sugestão é não apenas participar do Movimento Royalties em Saúde, mas se tornar parte ativa dele. À medida que você avançar, poderá contribuir para o crescimento do movimento, compartilhando informações, oferecendo ajuda e até mesmo investindo no potencial de outros empreendedores que estão ingressando nesse movimento.

Lembre-se: assim como a criação de Roma, o seu desenvolvimento não ocorrerá em um dia, mas cada passo contribuirá para a construção de uma jornada de sucesso como empreendedor da saúde.

> MOVIMENTO COLABORATIVO › REDES SOCIAIS › LOCAIS ESPECIALIZADOS › LINKEDIN › GRUPO "INOVAÇÃO EM SAÚDE" › SITE "SAÚDE ASSERTIVA"

O EMPREENDEDOR

Em nossa última exploração sobre inovações na área da saúde, deparamo-nos com uma solução revolucionária: o tampão coletor de plástico, mais popularmente reconhecido como "coletor menstrual" ou "disco menstrual". Esse dispositivo, que ganhou destaque nas últimas décadas, representa uma alternativa reutilizável aos tradicionais absorventes internos e externos utilizados durante a menstruação.

Da sua criação na década de 1930 por Leona Chalmers, uma atriz e inventora americana, até os aprimoramentos modernos realizados por empreendedores visionários, o copo menstrual percorreu um longo caminho. O conceito inicial, proposto por Chalmers, evoluiu para se tornar uma opção altamente eficiente e ecológica para milhões de mulheres em todo o mundo.

O visual do kit coletor menstrual destaca a simplicidade e eficácia desse produto inovador, composto por materiais seguros para o corpo e ambientalmente responsáveis. Dados recentes revelam que, em comparação com os absorventes descartáveis, o copo menstrual tem uma pegada de carbono consideravelmente menor ao longo de sua vida útil, o que contribui para a redução do desperdício gerado durante o período menstrual.

Ao longo dos anos, a conscientização sobre a importância da sustentabilidade em produtos relacionados à saúde tem crescido exponencialmente. Atualmente, o copo menstrual oferece uma alternativa amigável ao meio ambiente e também promove uma abordagem financeiramente acessível, uma vez que é reutilizável por vários anos.

Inovações como o copo menstrual exercem grande influência no cenário da saúde feminina, transformando a experiência individual durante a menstruação e impactando positivamente a sociedade e o meio ambiente. Este é apenas um exemplo fascinante do potencial transformador que empreendedores na área de saúde têm para oferecer com inovações inspiradoras capazes de causar grande impacto no panorama da saúde moderna.

GENTE ASSERTIVA

Meu nome é Armando Gomes e sou natural de Sobral, interior do estado do Ceará. Minha trajetória começou quando me mudei para Fortaleza para estudar, com o objetivo firme de trabalhar com medicamentos. Desde criança, sempre tive o desejo de me formar em farmácia e seguir a carreira de bioquímico, inspirado por um amigo do meu pai que já atuava nessa área.

Embora tenha enfrentado alguns obstáculos, como não ter sido aprovado no vestibular de farmácia na Universidade Federal do Ceará (UFC), acabei ingressando na Unifor, onde me formei em fonoaudiologia. Durante esse período, trabalhei como programador de processamento de dados no Grupo Pernambucanas para me manter na cidade. Mais tarde, tive a oportunidade de trabalhar no laboratório Aché, onde construí uma carreira de 22 anos.

Minha jornada empreendedora começou quando decidi fundar meu próprio laboratório, o Orthosais, focado em ortopedia, reumatologia e geriatria. Ao longo dos anos, desenvolvi diversos produtos e me envolvi em diferentes áreas do mercado de saúde.

Minha história cruzou com a do dr. Karlos quando iniciamos um projeto conjunto na área oftalmológica. Após o lançamento do Blefos®, nos conectamos com o dr. Karlos, que demonstrou interesse em nossa iniciativa. Essa conexão levou não apenas à parceria e sociedade nos negócios, mas também à colaboração no desenvolvimento de novos produtos e ao seu papel como diretor médico em nossa empresa, a NaturEye®.

Para aqueles que desejam ingressar nesse mundo de inovação, meu conselho é entender a finalidade de sua ideia e buscar os meios legais para viabilizá-la. É essencial trabalhar com empresas e pessoas sérias que entendam do assunto, para evitar problemas futuros. Na minha jornada, a 55Log desempenhou um papel fundamental na gestão de marca própria, enquanto o dr. Karlos Sancho se destacou como um parceiro valioso em projetos biomoleculares.

CONCLUSÃO

SUCESSO E SATISFAÇÃO DO EMPREENDEDOR NA ÁREA DA SAÚDE

"O sucesso é uma consequência, e não um objetivo."
Gustave Flaubert

Inicialmente, escrever um livro representa a realização de um sonho. Acredito na máxima de que colhemos o que plantamos. Meu desejo é contribuir para o desenvolvimento de produtos na área da saúde, uma missão motivada por minhas próprias dificuldades e desafios enfrentados. Quero compartilhar experiências, fornecer um guia para contornar obstáculos e, assim, aumentar as chances de sucesso para outros empreendedores.

Minha paixão pela inovação se complementa com a vontade de construir pontes, de auxiliar outros profissionais. Quero simplificar a vida dos empreendedores brasileiros na área da saúde, uma tarefa árdua em meio às adversidades que permeiam o cenário nacional. É frustrante observar empresas que exploram essa classe, cobrando valores exorbitantes para proteger patentes ou propriedades intelectuais, sem garantia de eficácia. E há aquelas que, ao prometerem o sucesso, acabam por desiludir e desmotivar os criadores de produtos essenciais à saúde, gerando desconfiança e pessimismo.

Escrevendo esta obra, penso nas empresas sérias, íntegras, que encontraram sucesso em parceria com empreendedores. Várias delas, em minha trajetória, demonstraram ser dignas de confiança. Contudo, é crucial alertar sobre aquelas que, por meio de propagandas enganosas, buscam apenas fechar contratos, negligenciando o compromisso real com o sucesso do empreendedor.

Este livro é destinado àqueles que almejam ingressar no mercado de inovação. Há, sim, um caminho viável. Contudo, é necessário persistência e uma paixão genuína pelo que se faz.

O sucesso não é mera consequência do anseio pelo lucro, mas da vontade de ver um produto assertivo no mercado, pronto para impactar positivamente a vida das pessoas.

Muitos são atraídos pelo dinheiro fácil, mas frequentemente essas promessas vazias resultam em desilusões. Eis aqui uma mensagem clara que não pode ser esquecida: o trabalho árduo de licenciar um produto depende de você. Terceirizar essa responsabilidade pode significar desperdício de recursos e o naufrágio do seu projeto no vale da morte.

Dedicar-me a escrever representa uma extensão da minha vontade sincera de auxiliar aqueles que, por diversos motivos, viram seus projetos na área da saúde estagnarem. Há esperança, inclusive para resgatar projetos antigos! A compreensão aprofundada das etapas e o conhecimento das práticas certas podem resgatar sonhos adormecidos.

Ao compartilhar a Metodologia do Produto Assertivo, ofereço uma ferramenta para impulsionar o desenvolvimento do país, melhorar a qualidade de vida dos profissionais de saúde, criar um círculo virtuoso de empregos e gerar renda passiva. Esse é o propósito que pretendo deixar claro em meu legado.

A máquina do tempo é uma tentadora fantasia que muitos de nós inventores e empreendedores de produtos já conceberam: retroceder no tempo e reescrever os capítulos de nossa jornada é um anseio. Depois de imaginar essa possibilidade tão comum nos livros e filmes de ficção científica, já me peguei frente ao espelho fazendo a seguinte pergunta: "Se eu pudesse inventar uma máquina do tempo, o que faria diferente na minha carreira de empreendedor?".

Acredito que desfaria certas escolhas e evitaria alguns erros, mas cheguei à conclusão de que cada desafio e fracasso moldou cada aprendizado que carrego comigo, e isso se traduz em *ganho*. As lições extraídas da dor foram as mais valiosas. E é exatamente esse aprendizado que impulsiona a criação de grandes inovações.

Já que (ainda) não é possível voltar no tempo, deixo aqui uma bússola para aqueles que estão começando. Meu desejo é que, munidos destas informações, os novos empreendedores enfrentem menos dificuldades do que eu enfrentei — compreendendo, claro, que desafios sempre surgirão.

Não vejo o passado como algo que pode ser corrigido, mas vejo o presente como uma dádiva divina para transformar nossas vidas e carreiras. Nunca é tarde para recomeçar.

A máquina do tempo é uma invenção (ainda) impossível, mas, se o sonho fosse real, certamente eu levaria este livro de volta até 2010 para que eu pudesse lê-lo no início da minha jornada empreendedora. Com certeza isso teria encurtado o caminho de meus produtos no mercado.

Em contrapartida, recuso-me a desejar voltar no tempo, pois acreditei em meus produtos, arrisquei, persisti e isso também é ser bem-sucedido.

A felicidade reside nas tentativas, na satisfação de ter ousado, mesmo que o resultado não tenha sido o esperado. Não enfrentarei, no final da vida, aquela pergunta angustiante: "E se eu tivesse tentado?". Tentei, e isso é suficiente.

Como mencionado no decorrer desta obra, não é necessário arriscar tudo nem vender tudo que possui para desenvolver um produto assertivo. A ideia é desenvolvê-lo paralelamente ao que se faz hoje, sem apostar todas as fichas como um jogador de pôquer inconsequente. O objetivo é satisfazer um desejo; é realização.

Este não é apenas um compêndio; é um guia que ultrapassa as fronteiras das páginas, adentrando os reinos do desejo, persistência e paciência. Cada inovação presente no mercado, cada produto que molda o cenário da saúde, originou-se do audacioso pensamento de alguém que ousou sonhar. E esse "alguém" pode ser você.

Portanto, que esta mensagem ressoe como um chamado constante em sua trajetória empreendedora: alcançar o sucesso como empreendedor da saúde não é uma meta distante, mas sim um destino que se torna mais acessível a cada ação, a cada decisão tomada com ousadia e confiança. Tome impulso para suas realizações e siga o caminho na construção de produtos que transformam a saúde e o mundo!

Se você chegou até aqui, certamente dedicou dias ou até semanas para explorar as páginas deste livro. Imagino que agora se prepara para fechar este volume, colocá-lo na estante e iniciar a jornada de transformar suas ideias em um Produto Assertivo.

Percebo que este livro está repleto de informações que, em uma única leitura, podem não revelar todas as nuances que desejamos transmitir. Deste modo, sugiro que retorne a estas páginas mais de uma vez para absorver completamente as questões abordadas e sanar as dúvidas que certamente surgirão.

Não deixe este livro ser apenas mais um na sua estante; tome decisões, aja, mesmo que seja algo pequeno todos os dias. Ao adicionar uma pessoa nova à sua rede social, enviar um e-mail ou realizar uma pequena ação cotidiana, ao final de um ano você terá realizado 365 ações, avançando em direção ao seu sonho de ter um produto na área da saúde. Não perca tempo, mãos à massa, tome ação!

Ao fechar este livro, a primeira coisa que sugiro é colocar sua ideia no papel e transformá-la em realidade.

Como já disse Platão: "O início é a metade do todo". Então comece hoje!

FONTE Adobe Garamond Pro
PAPEL Polen Natural 80g/m²
IMPRESSÃO Paym